"十三五"国家重点研发计划项目

装配式混凝土工业化建筑高效施工关键技术研究与示范（2016YFC0701700）资助

装配式混凝土剪力墙高层住宅建筑高效施工技术体系

吴红涛　陈　骏　主编

U0178443

中国建筑工业出版社

图书在版编目（CIP）数据

装配式混凝土剪力墙高层住宅建筑高效施工技术体系/吴红涛，陈骏主编. —北京：中国建筑工业出版社，2019.12
ISBN 978-7-112-24365-5

Ⅰ.①装…　Ⅱ.①吴…②陈…　Ⅲ.①高层建筑-装配式混凝土结构-剪力墙结构-工程施工　Ⅳ.①TU398②TU974

中国版本图书馆 CIP 数据核字(2019)第 233357 号

《装配式混凝土剪力墙高层住宅建筑高效施工技术体系》一书内容共三章，包括背景及体系概况；技术体系的主要内容；实施案例。本书适合从事装配式建筑的技术人员参考学习，也可供相关专业大中专院校学生学习使用。

责任编辑：王砾瑶　张　磊　范业庶
责任校对：李欣慰

装配式混凝土剪力墙高层住宅建筑高效施工技术体系
吴红涛　陈　骏　主编
*
中国建筑工业出版社出版、发行（北京海淀三里河路 9 号）
各地新华书店、建筑书店经销
北京科地亚盟排版公司制版
北京建筑工业印刷厂印刷
*
开本：787×1092 毫米　1/16　印张：7　字数：145 千字
2020 年 2 月第一版　　2020 年 2 月第一次印刷
定价：39.00 元
ISBN 978-7-112-24365-5
（34858）

本书编委会

主编： 吴红涛　陈　骏

参编： 刘　康　周毓载　梁　伟　姜龙华　伍永祥

　　　　苏　章　李文建　尤伟军　陈　磊　袁东辉

　　　　王续胜　王远航　李　娟　张　弓　向　勇

审查： 李善志　陈荣亮　欧阳仲贤　李张苗

前　言

李克强总理在国务院常务会议上提出要"大力发展装配式建筑，推动产业结构调整升级"，同时要求以京津冀、长三角、珠三角城市群和常住人口超过 300 万的其他城市为重点，加快提高装配式建筑占新建建筑面积的比例。为此，一要适应市场需求，完善装配式建筑标准规范，推进集成化设计、工业化生产、装配化施工、一体化装修，支持部品部件生产企业完善品种和规格，引导企业研发适用技术、设备和机具，提高装配式建材应用比例，促进建造方式现代化。二要健全与装配式建筑相适应的发包承包、施工许可、工程造价、竣工验收等制度，实现工程设计、部品部件生产、施工及采购统一管理和深度融合。强化全过程监管，确保工程质量安全。三要加大人才培养力度，将发展装配式建筑列入城市规划建设考核指标，鼓励各地结合实际出台规划审批、基础设施配套、财政税收等支持政策，在供地方案中明确发展装配式建筑的比例要求。用适用、经济、安全、绿色、美观的装配式建筑服务发展方式转变、提升群众生活品质。

近年来，通过总结我国装配式建筑的经验与教训，同时引进吸收国外先进技术，相关装配式结构体系已基本形成并得到成功应用。国家、行业和地方等有关部门也相继出台了设计、施工和生产等技术标准，同时也出版了相应的图集，为装配式建筑的发展奠定了基础。但与西方发达国家相比，我国的装配式建筑发展仍处在初级阶段，相关的工程技术人员及管理人员严重不足，同时结合国内装配式建筑多为装配式混凝土剪力墙高层住宅建筑的现状，编写了《装配式混凝土剪力墙高层住宅建筑高效施工技术体系》。

本书以精简、切合实际、实用为立足点，以培养装配式混凝土剪力墙高层住宅建筑工程施工现场专业人员为目标。结合实施案例，以精简的语言从装配式混凝土剪力墙高层住宅建筑的设计、生产、施工三个方面对本技术体系进行介绍、分析，力求内容切合实际，同时便于现场专业人员学习吸收相关技术要点及管理经验，从而快速提高现场专业人员技术能力及管理水平。

本书尽管收集了大量资料，并汲取了多方面研究成果，但由于时间仓促和能力所限，书中难免存在偏差之处，期待大家批评指正。最后，向参与本书撰写及对本书内容作出贡献的各级领导、专家们表示诚挚的感谢！

本书编委会

2019 年 9 月

目　　录

第1章 背景及体系概况

1.1 体系研发背景

1.1.1 国外装配式建筑发展情况

装配式建筑在发达国家的应用起步较早，进而已比较普及。在美国，已出台了《国家工业化住宅建造及安全法案》及其相应的配套规范来对装配式建筑在房屋工程中的应用，装配式建筑具备了较高的标准化、专业化以及普遍的商业化与个性化，装配构件极易实现机械化生产。在德国，装配式建筑的发展已经形成了强大的预制装配式建筑产业链，能够很好地实现建筑结构与水暖工程的有效配套，并且具备多所高校、研究机构等对装配式建筑技术进行不断地研究，已经能够超越了固定模数尺寸的限制，取得了较好的节能减排效果。在日本，装配式建筑的工业化生产方式极具吸引力，在日本政府的大力支持下，装配式建筑以逐步实现了从集约化到信息化的过渡，创造性的融合了防震、减震、避震技术，并采取了科学合理的设计使得装配式建筑具有抗震效果十分显著的优势。

1.1.2 国内装配式建筑发展情况

2016年9月14日，国务院召开常务会议，决定在大力发展装配式建筑，促进产业的转型与升级。因而，必须顺应市场需求，提升装配式建筑标准和促成现代化，工业化生产，达到施工的装配甚至是装修一体化。

建筑工程中采用装配式混凝土结构，具有工业化水平高、建造速度快、施工质量佳、减少工地扬尘和减少建筑垃圾等优点，可以提高建筑质量和生产效率，降低成本，有效实现"四节一环保"的绿色发展要求。

当前中国的建筑业已进入到一个重要的转型期，即在满足建筑工程工期缩短的同时，又要追求质量的全面提升，同时还要合理利用和节约资源。而建筑工业化既可提高劳动生产率，加快建造的速度，满足对住宅数量的需求，又可极大提高住宅质量和性能，同时还可以减少资源能源浪费，实现社会的可持续发展。

目前在高层住宅中经常选用的装配整体式剪力墙结构在推进过程中，存在诸多问题，比如装配整体式剪力墙高层住宅一体化、标准化设计的关键技术和方法发展滞后，设计和加工生产、施工装配式等产业环节脱节的问题普遍存在，只注重装配式结构而忽略了建筑部品、机电设备、内装系统的配套，构件生产的自动化程度低、现场装配缺少工具化的吊装及支撑体系。

课题组通过对装配式整体式剪力墙高层住宅的结构设计、构件生产，装配施工及后期运维管理进行综合研究与应用，形成了一套高效实施技术体系。目前多个项目已成功应用了该技术体系，对现场施工的安全保障、质量改善、进度加快、成本控制等主控项目起到了积极的作用。

1.2　技术体系概况

通过在装配整体式剪力墙高层住宅实施的设计、构件生产及现场施工三个环节内的关键技术进行研究与应用，形成全面的集成技术体系。各环节内的相关技术实现了联动，避免产生脱节现象，形成协同性的技术体系。主要包括以下五方面内容：

（1）模数化、标准化、智能化的设计；

（2）与主体结构相适应的预制构件生产工艺；

（3）工具化的现场高效施工工法；

（4）切实可行的检验、验收质量保证措施；

（5）全过程信息化的辅助管理。

第2章 技术体系的主要内容

2.1 技术体系设计主要内容

2.1.1 标准化设计

1. 装配式混凝土住宅实施技术选型策划

当前，国家标准《装配式建筑评价标准》GB/T 51129—2017 已发布，很多地市均执行此标准进行装配式建筑的确定，评价标准的基本要求主要是以下几点：主体结构的评价分值≥20 分且竖向构件中预制部品构件的应用比例≥35％，墙体部分的评价分项≥10 分，必须采用全装修，装配率不低于 50％。

（1）主要评价指标解读

1）竖向构件评价项

竖向构件评价项是指当采用混凝土时，作为主体结构竖向构件中预制混凝土体积占主体结构竖向构件混凝土体积比不低于 35％。

2）水平构件评价项

水平构件评价项包括梁、板、楼梯、阳台、空调板等，采用水平投影面积进行计算。70％～80％之间评价分值为 10～20 分，即 1％的投影面积可影响分值 1 分。在计算中主体结构竖向构件、电梯井、管井、洞口不计入楼层建筑平面总面积。

3）非承重围护墙非砌筑的计算

非承重围护墙非砌筑的计算是指非砌筑墙体外表面积所占的比例，非砌筑墙体包括各种中大型板材、幕墙、干骨架或轻钢骨架复合墙体，关键是采用"干法"施工。比例≥80％时，评价分数为 5 分。现阶段较为常用的是蒸压加气混凝土条板、预制混凝土夹心保温外墙板和预制混凝土外挂墙板。

4）围护墙与保温、隔热、装饰一体化

围护墙与保温、隔热、装饰一体化是指采用保温、隔热、装饰一体化的围护墙的面积占围护墙外表面总面积的比例，在 50％～80％之间取 2～5 分。这里的围护墙体包含了承重墙和非承重墙。

5）内隔墙非砌筑

内隔墙非砌筑是指内隔墙中非砌筑墙体的墙面面积之和与内隔墙墙面面积总和的

比例，比例大于 50％即可评分 5 分。

6）内隔墙与管线、装修一体化

本评价项是指采用一体化的内隔墙墙面总面积占内隔墙墙面总面积的比例。墙体高度按实际高度取值，强调"集成性"，预制墙体已集成瓷砖、石材、涂料等饰面或者墙体材料自身满足装饰要求，不设置专门饰面。计算内隔墙与管线、装修一体化应用比例时，厨房、卫生间墙面不纳入计算范围。

7）全装修

全装修是评价标准中的必选项是指"建筑功能空间的固定面装修和设备设施安装全部完成后，达到建筑使用功能的基本要求"，但全装修不等同于精装修，全装修必须采用且在设计上较为容易实现。装修设计需将面层的预埋预留构件、设备终端定位点提供给构件深化单位。

8）干式工法楼地面

干式工法楼地面此项要求采用干式工法楼面、地面的水平投影面积之和与地面的比例达到 70％以上得 6 分，并且在对结构楼板采用湿作业找平操作的面积也不计入干式工法面积，即楼面混凝土一次性成型，施工精度达到免砂浆找平要求，并且采用架空地板、木地板、薄贴工艺。

9）集成厨房和集成卫生间

集成厨房和集成卫生间是指通过设计集成、工厂加工，在工地主要采用干式工法装配式而成的厨房和卫生间。与《装配式混凝土建筑技术标准》GB/T 51231 中的集成式厨房、卫生间是有区别的。现有市场上集成厨房和卫生间的造价较高，是限制推广使用的主要因素。

10）管线分离

管线分离是指电气强电、弱电、通信等给水排水和供暖等专业管线分离的长度与管线总长度的比例。计算过程较为复杂。对于裸露于室内空间以及敷设在地面架空层、非承重墙体空腔和吊顶内的管线应认定为管线分离，而对于埋置在结构构件内部（不含横穿）或敷设在湿作业地面垫层内的管线应认定为管线未分离。目的是尽可能地减少由于管线的维修和更换对建筑各系统和部品等的影响。

（2）技术选型对比

根据评价标准，为满足评价认定的最低要求，建议采用表 2-1 中选型方案：

选型方案　　　　　　　　　　　　　　　　　　　　　　　　　表 2-1

评价项实施情况		方案 1		方案 2		方案 3		最低要求
		得分	实施情况	得分	实施情况	得分	实施情况	
主体结构（Q_1）	承重竖向构件预制	√	20	×	—	×	—	≥20
	水平构件预制	√	15～20	√	20.0	√	20	

评价项实施情况		方案 1		方案 2		方案 3		最低要求
		得分	实施情况	得分	实施情况	得分	实施情况	
围护墙和内隔墙（Q_2）	非承重围护墙非砌筑	√	5	√	5.0	√	5	≥10
	围护墙与保温、隔热、装饰一体化	×	—	×	—	×	—	
	内隔墙非砌筑	√	5	√	5.0	√	5	
	内隔墙与管线、装饰一体化	×	—	×	—	×	5	
装修和设备管线（Q_3）	全装修	√	6	√	6.0	√	6	—6
	干式工法的楼面、地面	×	—	√	6.0	√	6	
	集成厨房	×	—	√	4.5	×	—	
	集成卫生间	×	—	√	4.5	×	—	
	管线分离	×	—	×	—	√	5	
装配率/%		—		51～56		51	53	≥50

方案 1 以主体结构预制为主，除采用水平预制构件外，还需采用竖向承重预制构件。该方案主要实施难点在于采用竖向承重预制构件，对施工阶段安装、施工质量控制、项目整体管控提出较高要求。在主体结构装配成熟地区，有较好的 PC 生产厂家和装配式施工队伍时，可考虑采用该方案。

方案 2、3 主体结构装配部分仅采用水平预制构件，加强了装配化装修部分内容。该方案优势在于降低主体结构装配部分的实施难度。2 个方案的不同点在于装配化装修的侧重点，方案 2 侧重集成技术应用，需选用集成厨房、集成卫生间；方案 3 侧重 SI 技术体系，选用管线分离（注：墙体采用轻钢龙骨隔墙体系既可实现管线分离，又可实现管线、装修一体化）。对于主体结构装配技术不成熟地区，建议考虑采用以上 2 种方案。在具体方案选择时，还应注意以上 2 种方案虽降低了主体结构装配的实施难度，但需装配化装修的相关产业支持，应提前进行项目周边装配化装修的市场调研。

以上 3 种方案为装配式实施方案的推荐技术选型，具体项目可根据实际情况进行微调。另外，建议在技术选型时，应根据当地实际情况，从技术成熟度、认定风险、建造成本等方面综合考虑。

2. 设计流程

传统现浇住宅项目在方案设计阶段一般仅涉及小区规划设计、建筑单体设计等阶段，而装配整体式剪力墙高层住宅的由于存在构件的工厂化加工、现场装配及内装、机电设备集成的需求，需将设计阶段的内容向全过程延伸。从设计阶段即开始考虑构件的拆分及精细化的设计要求，并在设计过程中与结构、设备、电气、内装专业紧密沟通，将构件生产及现场装配阶段提前，形成符合装配整体式剪力墙高层住宅要求的专用的设计流程体系。见图 2-1。

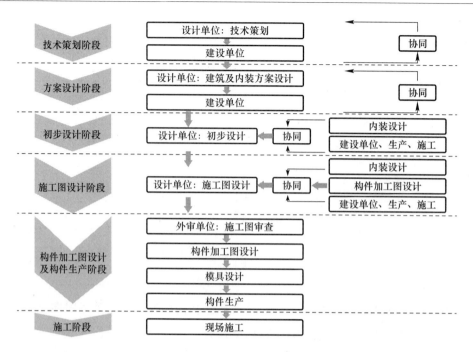

图 2-1 设计流程体系

3. 标准化房间、户型设计

装配整体式剪力墙高层住宅户型在设计上，因为受生产预制构件的种类和结构拆板的复杂程度控制，要求在满足功能使用的情况下，尽可能优化开间模数，提高户型标准化程度。在开间和进深方面通过模数调整，优化墙板的重复率，从而减少构件生产种类。

建议户型设计全部采用标准模数的开间和进深尺寸，最大限度地提高模板利用的重复率，控制外墙板的种类和数量。

在户型方案设计过程中与结构专业紧密配合，户型方案和构件拆分方案及技术统计应同步进行，一方面从建筑角度优化户型的功能使用和面积要求；另一方面结构专业也需要对建筑的户型设计在模数化标准化方面提供可实施性的技术依据。在平面布置上需要考虑结构和构件厂家的生产方式，利用户型内部调整，整合外墙体系，尽可能减少不必要的凹凸造型导致墙板种类的增加，通过对户型模数标准化的控制和与结构专业紧密配合，优化平面墙板拆分系统，每一版户型平面方案图的调整都应包含预制构件拆分及数据统计。

在住宅平面的设计过程中，首先通过标准化的模数房间拼装成几个标准化的户型，其次优化电梯井、楼梯间等公共区域的种类和面积，最后通过户型与公共区域的组合方式排列组成形成多样的住宅平面。

4. 大空间及灵活部品设置

在结构的选型和布局上，将主要承重结构整合在外墙板，减少了户内剪力墙的布置，将厨卫外的空间通过墙、梁的优化设计，整合为多个大跨度的结构单元板块形成开敞的大空间，室内隔墙采用轻质挑板隔墙，利用轻质条板分割的灵活性增加房间使用的适应性。

通过对同一户型的可变性和适应性研究，实现户型长效使用的目的，在方案推敲阶段就对同一种户型产生不同使用可能性进行研究。在关注户型内平面划分适应性的同时，深入推敲每个房间家具摆放的可变性，使每户使用者在房间短期使用上有不同的布置可能，长期而言，当家庭成员发生变化时轻质隔墙的使用也提供了户型调整格局的适应性。在主体结构不受破坏的前提下，相关管线的预理同样在构件生产过程中进行预理，或者采用 SI 管线分离的体系，最大限度满足适老化设计、智能家居等多方面的长效使用需求。

2.1.2 信息化的预制构件加工图设计

1. 深化设计

（1）前期准备工作

根据设计院签发的建筑和结构图纸，在 Allplan 软件中进行目录和配置修改，确定合理的制图文件形式和图层分配，设置墙、尺寸标注线等参数，存入向导，导入设计图纸，完成前期准备工作。见图 2-2。

图 2-2 目录参数修改配置参数修改

（2）预制构件平面布置图设计

建模工程师根据关键用户导入的设计图纸，运用 Allplan 软件对各种构件进行参数化设计，对于墙、板、梁、柱构件主要通过建筑模块来完成，对于异型构件（如：阳台、空调板、楼梯等）主要通过附加工具模块完成，相关参数设置好以后，开始建立标准层 BIM 模型。建好后，将本次新增建的异型构件模型放入已有模型库，这样就实现了模型库的不断丰富，为以后的使用提供便利。最后创建完整的 BIM 模型。

在创建的 BIM 模型基础上设计师依据构件深化方案进行深化设计，对于连接节点，接缝的正截面承载力应符合现行国家标准的规定，接缝的受剪承载力应符合相关规定。

BIM 信息有助于单个构件几何属性的可视化分析，可以对预制构件的类型、数量进行优化，从而减少预制构件的类型和数量。利用 BIM 技术参数化特点，对各个构件在空间进行精确的定位，从而形成预制构件竖向和水平平面布置图。见图 2-3～图 2-10。

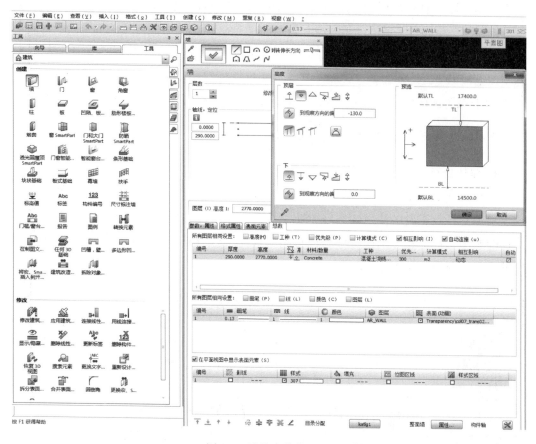

图 2-3　墙的参数化设计

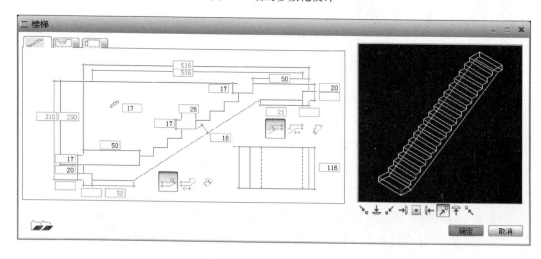

图 2-4　楼梯的参数化设计

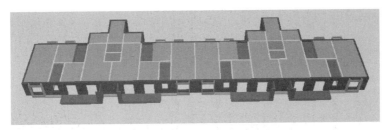

图 2-5 标准层 BIM 模型

图 2-6 完整 BIM 模型

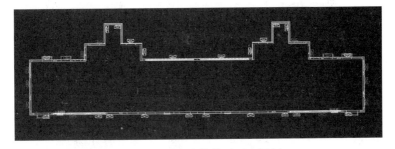

图 2-7 2D 竖向构件平面布置图

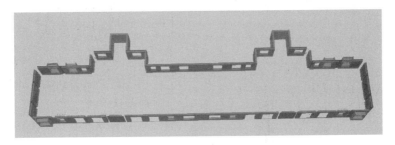

图 2-8 3D 竖向构件平面布置图

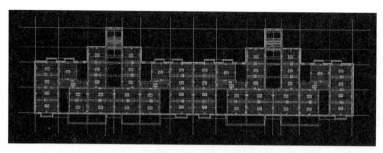

图 2-9　2D 水平构件平面布置图

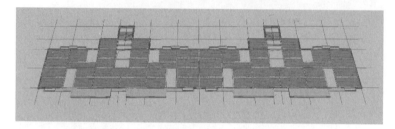

图 2-10　3D 水平构件平面布置图

2. 构件生产加工图设计

（1）预制墙

运用 Allplan 预制构件模块下的"墙体构件设计"对模型中的"建筑墙"进行预制构件化。主要设计阶段包括：墙体类型的设计、连接节点设计、配筋设计、修改设计，其中修改设计需选中墙，进入"属性"选项栏进行参数的调整。见图 2-11～图 2-14。

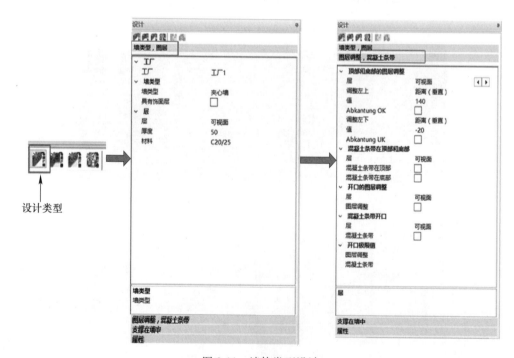

图 2-11　墙体类型设计

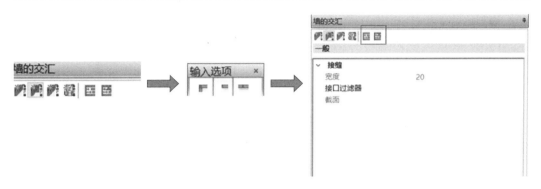

图 2-12　连接节点设计

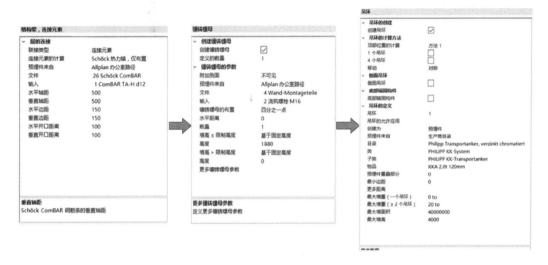

图 2-13　配筋设计

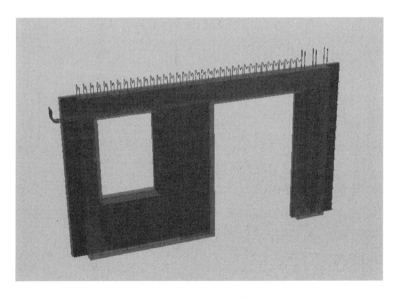

图 2-14　预制墙三维设计效果图

预制墙配筋设计有以下几种情况：

情况一：墙无较大凹陷，墙的布筋和钢筋形状比较规律，可使用"钢筋类型"进行布筋，个别不规则钢筋使用"工程模块"进行布筋。

情况二：墙有较大凹陷，如窗洞，门洞等，或者较多钢筋需要特别的形状时，建议整面墙使用"工程模块"进行布筋。

情况三：预制墙使用异形件进行预制构件化。若为不规则形状，可直接绘制 3D 实体，或使用"建筑模块"中的"剖面墙"功能，绘制不规则建筑墙体，然后转化为 3D 实体，然后在"结构预制构件"中通过"辅助预制元素"进行预制构件化，然后通过"工程模块"进行布筋，此时，保温层以线性预埋件的方式进行绘制。

（2）预制板

运用 Allplan 预制构件模块下的预制板的"设计"命令，对板的几何信息进行参数化设计，主要包括对板的厚度设计、边缘支撑设计、混凝土搭接设计、钢筋排布设计和修改设计等。见图 2-15～图 2-19。

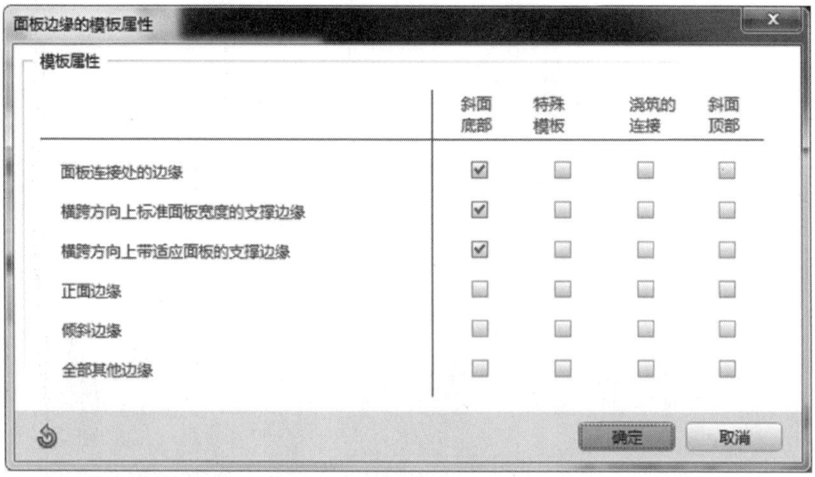

图 2-15　板的厚度设计

（3）异型构件

在对异型构件进行深化设计时，先要对异形件模型预制元素化，定义好视角方向和跨度，然后使用"工程模块"进行配筋设计，最后修改设计。见图 2-20、图 2-21。

对于各类构件在完成以上设计后，还需要进行预留、预埋的设计，各专业设计师依据深化设计原理以及各类预埋件的布置要求，直接从预埋件标准库选择相应的预埋件在三维模型中准确布置。至此，初步深化设计完成。见图 2-22。

3. 设计文件检查

通过 BIM 技术进行预制构件的碰撞的检查，深化设计完成后通过动画窗口，既能宏观观察模型加深对建筑的理解，也可微观检讨结构的某一构件或节点，能够精细到

图 2-16 边缘支撑设计

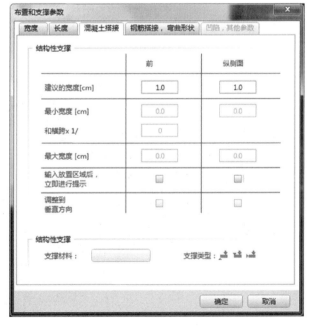

图 2-17 混凝土搭接设计

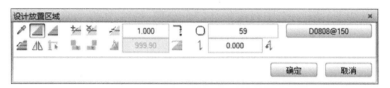

图 2-18　钢筋排布设计

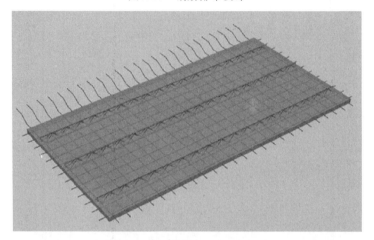

图 2-19　预制板三维设计效果图

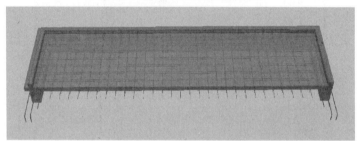

图 2-20　预制阳台三维设计效果图

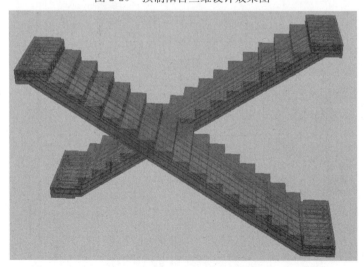

图 2-21　预制楼梯三维设计效果图

钢筋级别。钢筋节点密集处一旦发生碰撞，将给现场的吊装带来很大困难，不管是返回到工厂调整还是在现场修改都将延误工期，造成人工及材料的浪费。通过 Allplan 自带碰撞校核命令来检查各种情况下的碰撞，打开后先定义碰撞规则然后选定所需检查的构件或模型，直接点击检查即可。碰撞检查完成后，软件会将所有碰撞的位置全部列出来，可以在三维视图中直观地看出碰撞情况。

图 2-22　标准预埋件库

以 Allplan 为基础的碰撞检查，比较传统的 2D 协同方式像在光桌上叠图或简易的自动 3D 检查，提供了更多优点。使用光桌耗费时间，容易出错和需要所有最新的图面。3D 碰撞检查依赖 3D 几何模型来确认几何的实体并常常回馈大数量的无意义碰撞。再来如果 3D 几何不是实体，碰撞检查工具无法检测出存在其他构建和构件之间的碰撞。它只能检测表面之间的碰撞。此外，如果要将碰撞分类到有意义的类别中，会因为 3D 几何模型缺少有意义的信息而被抑制，一个表皮间的碰撞可能是墙碰到墙或管线通过墙面，需要确认和检测个别的潜在冲突。

相比之下，以 Allplan 为依据的碰撞检测工具，让依据几何的自动碰撞检测结合以语言和规则为基础的碰撞分析。以 Allplan 为基础的碰撞检查工具让企业可以选择关于碰撞的类型，如检测机械和结构系统间的碰撞，因为模型中的个别组件与特定系统种类相关。因此，碰撞检查过程可以横跨任何宽度的细节和任何建筑系统和工程间的项目。一个以 Allplan 为基础的碰撞功能，也可以使用构件分类以更容易地执行软碰撞分析。例如，可以以机械构件和底层地板间隙不到两米为条件来开始寻找状况。这类的碰撞分析只有在拥有良好定义和结构建筑模型的情况下才有可能。见图 2-23。

4. 快速出图和信息综合应用

（1）快速出图

Allplan 具有强大的智能出图和自动更新功能，对图纸的布局由关键用户根据公司规定定义好，一般用户直接选择"元素平面图"功能，框选预制构件，软件自动生成需要的深化设计图纸，整个出图过程无须人工干预，而且有别于传统 CAD 创建的数据孤立的二维图纸，Allplan 自动生成的图纸和模型动态链接，一旦模型数据发生修改，与其关联的所有图纸都将自动更新，最后通过"批处理的元素平面图"命令导出不同格式的图纸（如：PDF、DXF、DWG 等）。通过 Allplan 减少了深化设计的工作量，避免了人工出图可能出现的错误，大大提高了出图效率。见图 2-24～图 2-26。

图 2-23　碰撞检查

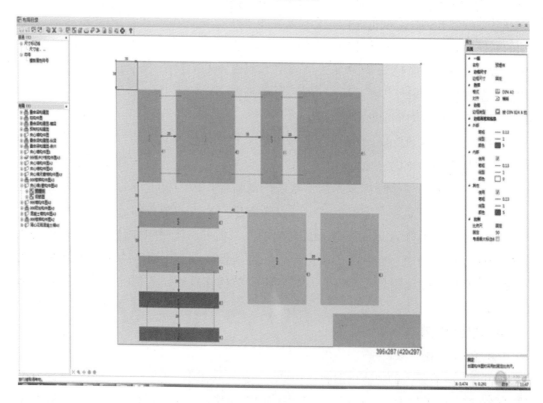

图 2-24　布局目录设置

（2）信息综合应用

Allplan 可精确统计模型的工程量，包括各类构件、钢筋、预埋件，并可根据需要定制输出各种形式的统计报表。清单的输出内容包括截面尺寸、编号、材质、混凝土的用量以及钢筋的编号、数量、用量等信息。根据模型对全楼的构件数量及材料用量分类汇总，也可以对某个构件（如预制墙）进行详细的工程量统计，也可以获得定制的整体工程量清单。见图 2-27～图 2-29。

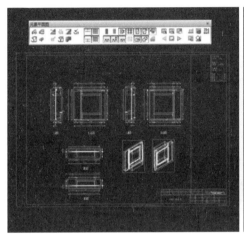
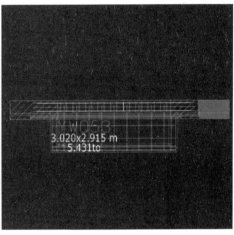

图 2-25　自动生成元素平面图

图 2-26　批量导出的图纸

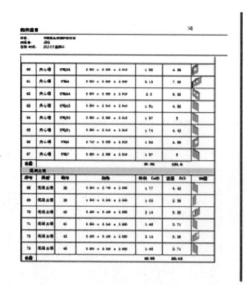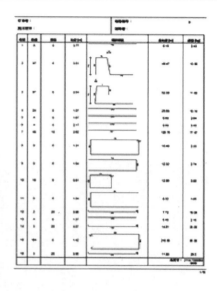

图 2-27 各类构件及钢筋清单

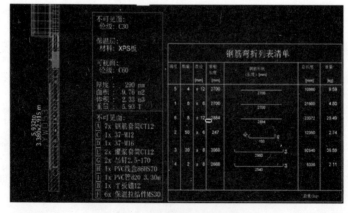

图 2-28 预埋件清单

图 2-29 预制墙工程数据统计

2.1.3 节点深化设计

构件构造节点、构件与构件连接节点、构件与现浇结构连接节点的设计，项目在参考国家规范图集的基础上充分考虑现场施工的可操作性，以保证工程质量，安全施工为前提对其进行了优化设计。

1. 预制外墙套筒连接区竖向节点

预制外墙在外立面的拼缝处通过上下层的外叶板形成外低内高的构造防水企口，外侧建筑耐候胶进行封堵，保证了外墙渗水隐患的同时保证了外立面的美观。

注浆墙体外侧的封堵通过弹性密封海绵条进行封堵，海绵条放置在上下层预制墙体的保温层之间，既保证了注浆料的不渗漏，同时保证了上下层保温的连续性，避免出现冷桥。见图 2-30。

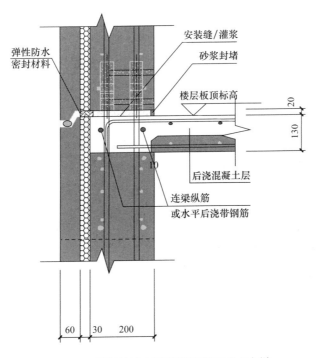

图 2-30 预制外墙套筒灌浆区竖向节点大样

2. 叠合板拼缝大样

叠合板内将灯盒等机电设施预埋，住户装修时可直接进行灯具的安装；

叠合板底部作为房间的顶棚，表面平整，可直接进行顶棚装饰面的施工，避免后期装修的空鼓、开裂问题。

叠合板与叠合板拼缝顶部增加附加钢筋，底部留有凹槽进行通过挂纤维网进行装修面层的加强，多方面的措施解决了叠合板拼缝处的开裂问题。见图 2-31。

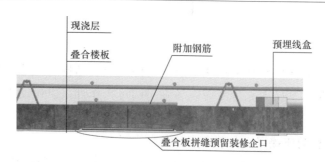

图 2-31 叠合板拼缝处节点大样

3. 预制外墙窗户节点大样

预制外墙生产过程中预埋防腐木砖，防腐木砖通过锚固钢筋与两侧的内外叶墙板进行固定，内侧与保温板连接，保证了保温的连续性；

窗框在构件生产模具上进行安装，通过自攻螺钉与防腐木砖进行固定，窗框与防腐木砖之间的缝隙采用聚氨酯发泡剂进行填塞，保证了窗框的稳定性。

窗框上口节点的外侧采用外高内低形成鹰嘴滴水，窗框下口节点外低内高，窗框内侧在预制墙体生产时预留挡水企口，企口及窗框两侧采用硅酮耐候胶进行封堵，多种措施保证了外墙窗渗水的隐患。见图 2-32。

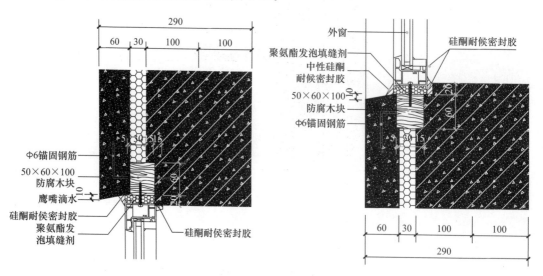

图 2-32 窗户上口、下口节点大样

4. 预制楼梯节点大样

研发了全预制楼梯，将梯段与休息平台整体预制，直接放置在预制梯梁上，解决了以往的装配式结构楼梯休息平台现场支模影响吊转进度的问题，且整体预制、管线预埋成型效果好，降低现场装饰装修工程量。

休息平台上口采用固定铰支座、下口采用滑动铰支座与梯梁进行连接，具有良好的抗震性能。

优化后的全预制楼梯，梯梁、梯段形式简单、施工方便，与其余构件吊装工序搭接紧密，保证了主体施工进度。见图 2-33。

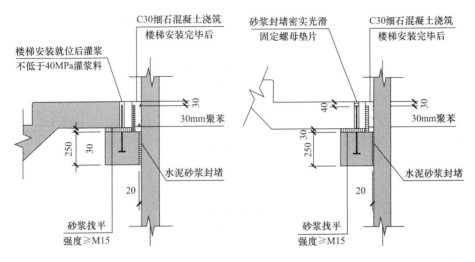

图 2-33 楼梯支座节点详图

2.2 技术体系生产主要内容

2.2.1 预制构件生产工艺

1. 生产线选择

工业化预制构件典型产品包括预制外墙板、内墙板和叠合楼板，这三种产品均可采用流水式作业，在自动化生产线上生产，异型构件由于产品几何形状的不规则及配套数量小，在固定台模上进行生产不影响供应效率，同时在经济效益上更加合理。

外墙板自动化生产线根据建筑设计对外装饰面的要求，生产线工艺设计分为两种生产工艺，即正打工艺（先浇筑内叶墙，后浇筑外叶墙）和反打工艺（先浇筑外叶墙，后浇筑内叶墙），需要两次混凝土浇筑振捣成型分别形成结构层及装饰层。内墙板生产线和叠合板生产只需要一次混凝土浇筑即可成型，工艺相对简单，因此两种产品在一条生产线上进行混合生产就能够满足工艺及产能的要求。见图 2-34、图 2-35。

2. 工艺设备配置

预制构件生产线建设核心是生产设备的配置，生产线是由多种设备组成的，针对某种构件产品，设备的生产能力也是不同的。每种设备生产单位某种产品的成本也不同，存在一个合理搭配各种不同设备数量的方案，以保证生产成本的最低，这就是资源优化配置。我们对生产线设备的功能进行详细的研究和分析，在研究和分析的基础上，合理进行生产设备的配置。避免资源配置不合理而导致的问题，使生产线各环节所配置的设备既能满足生产的需求，又不会出现功能上的浪费。最终实现生产线高效、协调的运行。

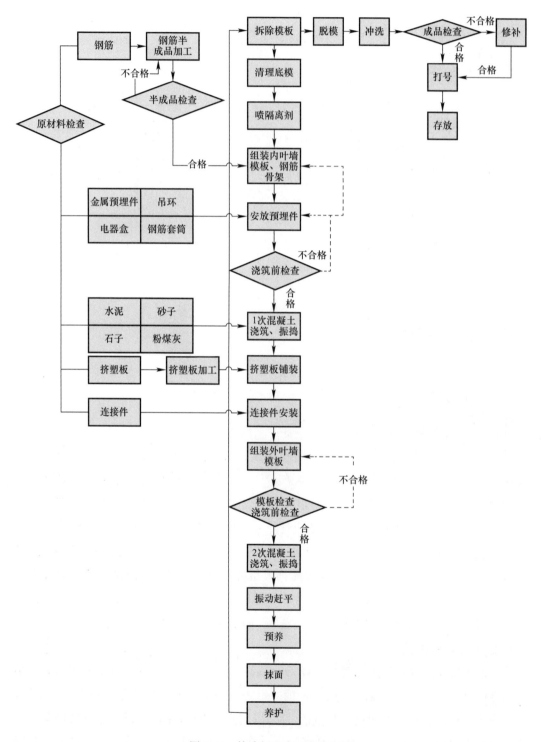

图 2-34　外墙板生产工艺流程图

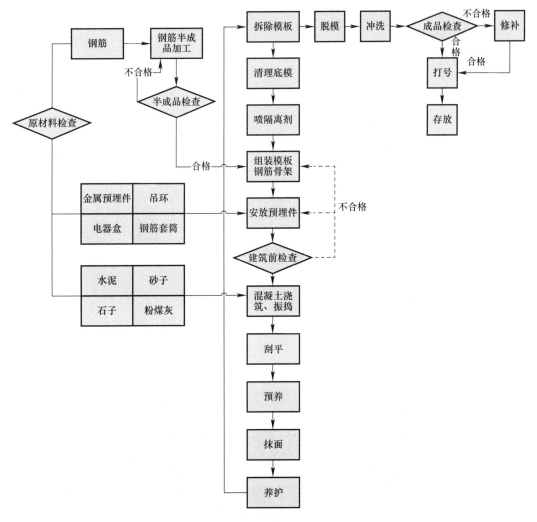

图 2-35 内墙板/叠合板生产工艺流程图

（1）模台循环系统

模台循环系统包括模台、模台横移车、导向轮、驱动轮。模台一般采用 Q345 钢，结构坚固耐用，疲劳强度大、变形少，使用寿命更长。模台横移车由伺服电机驱动，定位精度高，双机同步率高，完美匹配流水线作业标准，自动控制完成变轨作业，极易操作。整体结构由两台一组摆渡一个平台，地面轨道，液压缸升降支撑模台；负载不小于 15t/台；平台在升降车上定位准确，具备限位功能；摆渡车对轨准确可靠，与其他设备具备互锁保护功能。行走时，车头端部安装安全防护连锁装置。

驱动轮采用耐磨橡胶轮，摩擦力更大，使用寿命更长。采用高度可调节方式、安装更加便捷。

（2）模台预处理系统

包括清扫机、隔离剂喷雾机。

清扫机双辊刷清扫，轻松清扫模台上的混凝土残渣及粉尘，清洁效率更高，清洁效果更好。见图 2-36。

图 2-36 清扫机

喷涂机在模台经过时自动喷洒隔离剂，高压雾化系统，省料、均匀，喷嘴可单独控制；水、油性隔离剂均可使用，喷涂更加均匀，不留死角，效果更好，独特设计的宽幅油液回收料斗，耗料更少，便于脱模。见图 2-37。

图 2-37 喷涂机

（3）布料系统

包括 PC 专用搅拌站，混凝土运输机、布料机、振动台、振动赶平机、抹光机。

PC 专用搅拌站，根据 PC 生产线的布置与产能需求来量身定制，采用模块化设计，安装便捷，基建成本降低 80%，占地面积减少 30%，搅拌站与生产线通过 PMS 系统无缝对接，根据生产计划，自动下达配方和生产指令，全自动生产。

混凝土输送机（图 2-38）。采用变频或伺服自适应驱动，根据放料量及放料速度自动控制速度，运行更加平稳，具备带坡度运输能力；液压驱动料门，有效防止卡滞和漏料；无缝连接搅拌站和生产线，全自动化运行；并提供手提式无线遥控，操作维护更加方便。混凝土运输机主要特点：

图 2-38 混凝土运输机

1）整体机构为滚筒式结构；外部振捣器辅助下料。

2）自动、手动、遥控操作方式；同一轨道内安装多台输送料斗时，每个输送料斗要有防撞感应互锁装置，行走中有声光报警装置以及静止时锁紧装置。

布料机（图 2-39），程序控制智能布料，完美实现按图纸布料；PC 工程采用螺旋式布料机，具有以下重要特点：

图 2-39 布料机

1）整体结构为上横梁轨道行走，根据生产线工艺流程，可横向或纵向跨越两个平台；

2）料斗可升降，布料口最高点与模台表面的最小距离不小于 600mm；

3）称重系统，可控制布料量，数据能够在操控盘上如实显示，误差小于 0.5%；

4）与其他设备具备安全互锁功能；液晶可视控制面板，具有完善的编程系统、USB 外接口；有安全互锁装置，确保人、机的安全；

5）纵横向行走速度及下料速度变频控制，可实现完全自动布料功能，原点控制准确。

振动台，独特的隔振设计，有效隔绝激振力传导于地面；无地坑式设计，使设备的安装、维护、保养更加便捷；振动系统采用零振幅启动、零振幅停止、激振力、振幅可调，有效解决构建成型过程中的层裂、内部不均匀、形成气穴、密度不一致等问题。振动台具有以下特点：

1）整体结构为分体式结构或整体式结构；

2）减振弹性元件可选用橡胶弹簧、空气弹簧或钢质弹簧；

3）振捣频率可调，调整方便，以适应不同厚度的墙体振捣；

4）与其他设备具备安全互锁功能。

振动赶平机采用前后赶平方式，使用多种板型；采用二级减振，有效解决振动杆与振动架之间的振动问题；小车行走的赶平方式，实现全模台覆盖赶平。见图 2-40。

图 2-40 振动赶平机

抹光机抹盘高度可调，能满足不同厚度预制板生产需求；横向纵向行走速度变频可调，保证平稳运行。

（4）养护系统

包括预养护窑、立体分仓养护窑、堆码机。

预养护窑（图 2-41），采用低高度设计，有效减少加热空间，降低能耗；前后采用提升式开关门，自动感应进出模台，充分减少窑内热量损失，高效节能。预养护窑具有以下特点：

图 2-41 预养护窑

1）窑体保温采用钢构保温板；

2）蒸养方式：干蒸、油温；

3）温度自动检测，加热自动控制；

4）开关门动作与模台行进的动作实现互锁保护。

立体养护窑（图2-42），多层叠式设计极大满足了批量生产的需求，可满足8h构件养护要求；每列养护室可实现独立精准的温湿度控制，并确保上下温度均匀；加热方法可选择蒸汽、电、天然气、油温等多种能源；布置形式可采用地坑型、地面型，根据生产类型可定制每一层仓位的层高。

图2-42 立体养护窑

堆码机（图2-43），具有全自动存入和取出模台功能；采用复合运动以及防抖技术，可以快速存取模台；横移采用伺服系统，定位精确；升降系统和拉取模台均采用先进的液压技术，动作可靠平稳。可实现手动、自动化运行功能。堆码机与生产线进窑、出窑工位的工况实现安全互锁。

图2-43 堆码机

（5）脱模系统

侧翻机采用液压顶升侧立模台方式脱落；独特的前爪后顶安全固定方式，有效防止立起中工件侧翻，保障人机安全和工件完整，同时大幅提高了起吊效率；采用无地坑设计，安装使用方便。见图 2-44。

图 2-44 侧翻机

2.2.2 预制构件的物流及堆放

1. 预制构件的运输

现场运输道路和存放堆场应平整坚实，并有排水措施。运输车辆进入施工现场的道路，应满足预制构件的运输要求。卸放、吊装工作范围内不应有障碍物，并应有满足周转使用的场地。

预制构件装卸时应采取可靠措施；预制构件边角部或与紧固用绳索接触部位，宜采用垫衬加以保护。

运输过程中要点如下：

（1）预制构件进场前，应制定进场计划、场内运输与存放方案。

（2）施工现场运输道路必须平整坚实，并有足够的路面宽度和转弯半径。载重汽车的单行道宽度不得小于 3.5m，拖车的单行道宽度不得小于 4m，双行道宽度不得小于 6m；采用单行道时，要有适当的会车点。载重汽车的转弯半径不得小于 10m，半拖式拖车的转弯半径不宜小于 15m，全拖式拖车的转弯半径不宜小于 20m。

（3）现场存放堆场应平整坚实，并有排水措施。卸放、吊装工作范围内不应有障碍物，并应有满足周转使用的场地。

（4）预制构件装卸时应采取绑扎固定措施；预制构件边角部或与紧固用绳索接触部位，宜采用垫衬加以保护。构件在运输时要固定牢靠，以防在运输中途倾倒，或在道路车辆转弯时车速过高被甩出。对于屋架等重心较高、支承面较窄的构件，应用支架固定。

（5）预制构件运送到施工现场后，应按规格、品种、使用部位、吊装顺序分别设置存放场地。存放场地应设置在吊车有效起重范围内，并设置通道。

（6）构件运输时的混凝土强度，如设计无要求时，一般构件不应低于设计强度等级的75%，屋架和薄壁构件应达到100%。

（7）钢筋混凝土构件的垫点和装卸车时的吊点，不论上车运输或卸车堆放，都应按设计要求进行。叠放在车上或堆放在现场上的构件，构件之间的垫木要在同一条垂直线上，且厚度相等。

（8）根据工期、运距、构件重量、尺寸和类型以及工地具体情况，选择合适的运输车辆和装卸机械。

（9）根据吊装顺序，先吊先运，保证配套供应。

（10）对于不容易调头和又重又长的构件，应根据其安装方向确定装车方向，以利于卸车就位。必要时，在加工场地生产时，就应进行合理安排。见图2-45、图2-46。

图2-45 预制墙板运输示意图叠合板运输示意图

图2-46 预制阳台运输示意图预制楼梯运输示意图

2. 构件堆放

预制构件运送到施工现场后，应按规格、品种、使用部位、吊装顺序分类设置存放场地。存放场地宜设置在塔式起重机有效起重范围内，并设置通道。

预制墙板可采用插放或靠放的方式，堆放工具或支架应有足够的刚度，并支垫稳固。

29

采用靠放方式时，预制外墙板宜对称靠放、饰面朝外，且与地面倾斜角度不宜小于 80°。

预制水平类构件可采用叠放方式，层与层之间应垫平、垫实，各层支垫应上下对齐。垫木距板端不大于 200mm，且间距不大于 1600mm，最下面一层支垫应通长设置，堆放时间不宜超过两个月。

预制构件堆放时，预制构件与支架、预制构件与地面之间宜设置柔性衬垫保护。

预应力构件需按其受力方式进行存放，不得颠倒其堆放方向。

构件堆放根据构件的刚度、受力情况及外形尺寸采取平放或立放。板类构件一般采取平放，桁架类构件一般采取立放，柱子则视具体情况采取平放或立放（柱截面长边与地面垂直称立放，截面短边与地面垂直称平放）。对于采用堆放架的大型构件，架体受力情况必须经过计算。

（1）预制剪力墙

预制剪力墙进场后，可采取背靠架堆放或插放架直立堆放，也可采取联排插放架堆放，堆放工具或支架应有足够的刚度，并支垫稳固。预制外墙板宜对称靠放、饰面朝外，且与地面倾斜角度不宜小于 80°。见图 2-47。

图 2-47　预制墙板堆放示意图

（2）叠合楼板

堆放场地应平整夯实，并设有排水措施，堆放时底板与地面之间应有一定的空隙。垫木放置在桁架侧边，板两端（至板端 200mm）及跨中位置应设置垫木且间距不应大于 1.6m。垫木的长、宽、高均不宜小于 100mm，且应上下对齐。层与层之间应垫平、垫实，各层支垫应上下对齐。不同板号应分别堆放，堆放高度不宜大于 6 层。堆放时间不宜超过两个月（图 2-48）。

（3）预制梁

预制梁堆放场地应平整夯实，并设有排水措施，预制梁的堆放应正确设置支承点，支承点位置必须符合设计要求，多层堆放时，各层支承点必须在同一垂直线上。见图 2-49。

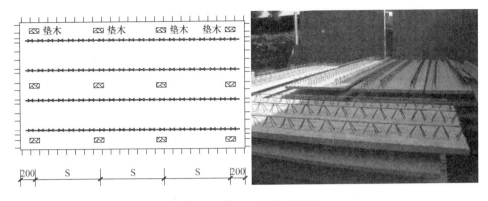

图 2-48　叠合板堆放示意图

（4）预制楼梯

预制楼梯堆放场地应平整夯实，楼梯段每垛码不应超过 6 层，考虑集中荷载的效应，预制楼梯分散堆放，并在放置楼梯下面铺木枋，垫木应上下对正，放在同一垂线上，以增加受力面积及减少碰撞损坏。见图 2-50。

图 2-49　预制梁堆放示意图　　　　图 2-50　预制楼梯堆放示意图

（5）预制阳台

预制阳台板运送到施工现场后，应按规格、品种、所用部位、吊装顺序分别设置堆场。堆场应设置在起重机回转半径范围内，宜为正吊，堆垛之间宜设置通道。

预制阳台板叠放时，层与层之间应垫平、垫实，各层支垫应上下对齐，最下面一层支垫应通长设置。叠放层数不应大于 4 层。预制阳台板封边高度为 800mm、1200mm 时宜单层放置。

预制阳台板应在正面设置标识，标识内容宜包括构件编号、制作日期、合格状态、生产单位等信息。见图 2-51。

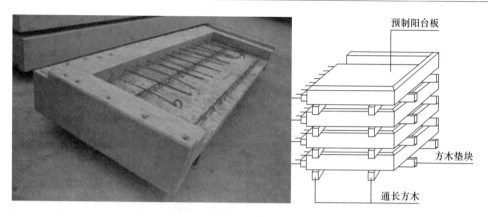

图 2-51　预制阳台堆放示意图

2.3　技术体系施工主要内容

2.3.1　施工准备及策划

1. 大型设备选型及平面布置

塔式起重机型号选择时，首先必须满足传统建筑塔式起重机布置需满足的条件，其次应考虑装配式建筑塔式起重机选择时的工作幅度、起升高度、起重量和起重力矩。工作幅度满足施工平面需要是指塔式起重机可以将每一块预制构件从堆场或是运输车辆上运送到指定安装位置。起升高度应不小于建筑物总高度加上预制构件、吊索和安全操作高度。起重量是指预制构件、吊具和吊索等作用于塔式起重机起重吊钩上的全部重量，起重量必须小于塔式起重机说明书上相对位置的起重量，且应满足覆盖建筑主体范围内起重能力不小于 5.0t。塔式起重机起重力矩一般控制在其额定起重力矩的 75% 之下，使其保证作业安全并延长其使用寿命。当塔式起重机主要参数指标满足施工需求时，还应综合考虑、择优选用性能好、工效高和费用低的塔式起重机。

塔式起重机若是超过一定高度应该选择附着，而装配式建筑附着通常有两种形式：一为通过阳台、窗洞与室内剪力墙附着；二是在预制外墙上预留孔洞，附着杆通过预留洞与建筑外围剪力墙附着。采用与第一种方式应仔细研究塔身与阳台、窗洞、室内剪力墙的位置关系，保证附着杆件的张开角度、附着杆件长度和受力要求。采用第二种方式应注意准确定位预制外墙预留洞尺寸和位置，工厂生产前做好图纸变更工作。塔式起重机附墙定位点一般在预制外墙的后浇段或预制外墙的核心受力区内，需与塔式起重机公司及设计院沟通计算确定，必要时进行加固处理。

2. 预制构件的堆场

（1）设备料堆放区设置在塔式起重机附近，木材、模板堆放整齐。

（2）砌体堆场位于塔式起重机能吊处，在主体框架施工一段时间后，砌体穿插施工。砌体按垛码放整齐，长、宽、高统一，以便验收和搬运。

（3）主体结构施工阶段钢筋半成品堆放区，布置在塔式起重机可以进行吊装的位置，各类钢材按不同品种及规格堆放整齐，设立标识牌。钢筋堆放场地需硬化处理。

（4）钢筋加工场设在施工现场，由钢筋工长下料，钢筋专业劳务人员制作成半成品，钢筋运至现场工程部位绑扎或连接成型，钢筋制作严格按图施工，接头及锚固均按图集 G101－1 要求执行。

（5）装配式建筑需要设置预制构件堆场，装配式建筑预制构件堆场一般布置了一个标准层所需的全部预制购件，且预制构件堆场的设计总体上对实际吊装位置进行了模拟，按顺序依次整齐码放，方便吊装作业时直接在和楼层相对应的位置吊装构件，节省了吊装时间提高了吊装功效。具体堆场的面积需结合工地与预制构件加工厂的距离、构件厂的物流能力的情况具体确定，尽量通过合理的策划及物流管理能力，减少现场堆场的面积，节约现场用地，符合绿色施工的要求。

3. 工期管理策划

装配整体式剪力墙结构主体施工过程中，诸多工序在时间及空间两个维度之间相互制约及关联，对相互关联及制约的因素进行分析识别关键工作，形成主体结构标准层的施工流程图。

对于竖向构件及水平构件均预制的结构形式，施工流程见图 2-52。

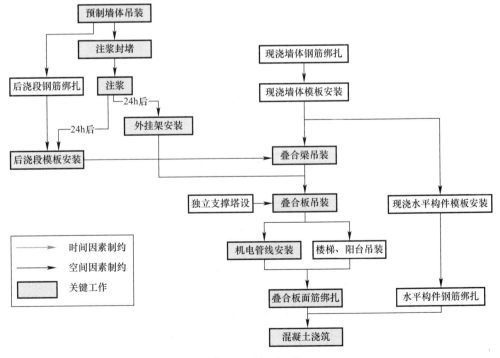

图 2-52 施工流程

主要以 2 大主线施工顺序为思路，预制墙体吊装与室内现浇墙体钢筋绑扎可同时进行，预制墙体吊装进行质量检查，合格后进行底部注浆区域的封边，封边料达到强度后进行注浆，在注浆封堵与注浆的过程中可以穿插预制外墙之间后浇段钢筋的绑扎，因为预制墙体注浆未达到 35MPa 前不得扰动，通常为 24h，具体可根据实时气候的同条件试块进行确定，注浆料达到要求强度后进行后浇段模板的安装及外挂架的安装。现浇墙体钢筋绑扎及模板安装完成之后进行叠合梁的吊装，叠合梁吊装前还需要后浇段模板安装完成，叠合板吊装之前需要 3 个前置条件：（1）叠合板底部的支撑体系需要搭设完成；（2）外挂架安装完成，作为施工的防护；（3）叠合梁安装完成，叠合板安装完成之后进行楼板面机电管线的安装及楼梯阳台的吊装。上述工作完成后进行叠合板面筋的绑扎。在进行叠合梁吊装的同时可进行卫生间、公共区域等现浇水平构件模板支撑体系搭设、模板安装及钢筋绑扎，最后进行混凝土的浇筑。

对于仅水平预制构件预制的装配整体式剪力墙结构，施工流程见图 2-53。

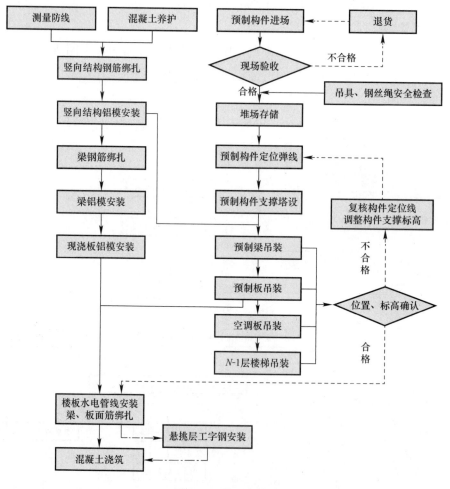

图 2-53 施工流程

根据关键工作，统计各类预制构件吊装及其他工序的工效，结合工程量情况，计算各工序所用的时间，识别出主体结构吊装层关键线路。由于关键线路受垂直运输设备影响较大，对同一层进行流水施工段划分，编制主体结构单层标准工期安排，提高总体工期，实现劳动力资源及设备资源的合理分配。

2.3.2 预制构件的安装与连接

1. 预留钢筋的定位（图2-54）

第一步定位：支模完成后，先使用全站仪在侧模上放出预留插筋的辅助定位线，通过辅助定位线拉通线使用措施钢筋将预留插筋焊接在指定位置，可根据插筋的预埋深度适当增加预埋插筋的长度。

第二步定位：墙体混凝土浇筑完毕后，使用全站仪复核预留插筋的定位，再使用一种自制的工具进行检查，最后进行校正。

第三步定位：楼板混凝土浇筑前，使用自制卡具将预留插筋连接成一个整体并固定，待浇筑完成后再使用自制的工具进行检查并校正。

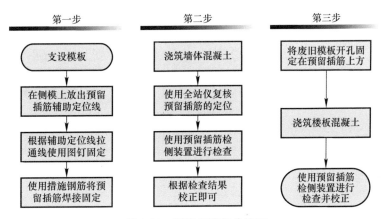

图2-54 预留钢筋定位流程

（1）支设模板

在进行模板的支设时，严格按照施工方案进行施工，对有预留插筋处的模板进行重点把控，使用全站仪对模板进行精确定位，并确保其牢固可靠。

（2）放出预留插筋辅助定位线

先使用全站仪对支设模板的定位进行复核，确定模板定位准确后，再使用全站仪放出预留插筋的定位线，并标注在侧模上。

（3）将预留插筋精确定位焊接

根据预留插筋辅助定位线拉设通线，并使用图钉固定，再依照横、纵向通线对预留插筋进行精确定位，并使用措施筋焊接在墙体钢筋上，焊接时注意尽可能的多点焊接，避免浇筑混凝土时对将焊接部位冲垮。

（4）预留插筋的检查和校正

墙体混凝土浇筑完毕后，先使用全站仪对一组预留插筋内的任意 2 根预留插筋的定位进行复核，再使用自制的检查装置进行统一检查并校正。

自制预留插筋定位检查装置，是用于控制、检测钢筋是否垂直及钢筋头截面是否在同一水平面，具体做法如下：

1）准备一块 3mm 厚钢板作为下侧板，并根据预留插筋的定位利用冲孔钻在钢板上打孔，孔径为预留插筋直径 $d+3mm$；在钢板四个角利用冲孔钻打出 4 个对称孔洞，并满焊 4 个内径 10mm 的螺母，并在其内锚入 4 个直径 10mm、长 50mm 的螺钉，以用于钢板调平。

2）另准备一块与下侧板尺寸大小、预留插筋孔洞一致的钢板；在钢板四个角对称焊接 4 个直径 10mm、长 30mm 的钢筋，用于检测预留插筋截面是否在一个水平面上。

3）两块钢板之间满焊 4 根 25mm 角钢，同时确保两块钢板之间的平行和对称。见图 2-55～图 2-57。

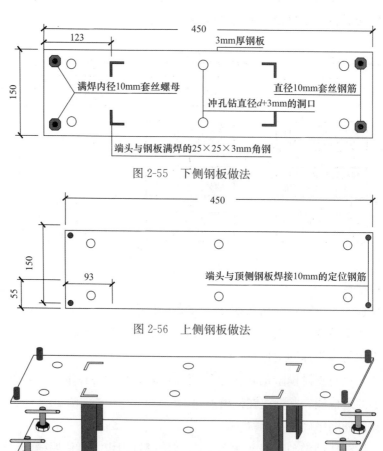

图 2-55 下侧钢板做法

图 2-56 上侧钢板做法

图 2-57 立体图

（5）底板混凝土浇筑

底板浇筑前，使用废旧模板根据预留插筋区域的插筋分布，钻出若干个稍大于插筋直径的孔，将该卡具套在预留插筋中，使其连成一个整体，并将该卡具与侧模板上方固定。待底板施工完成后，使用预留插筋检测装置复核插筋的定位情况，最后校正即可。

2. 构件吊装工艺

（1）预制墙体的吊装工艺

吊装流程见图 2-58。

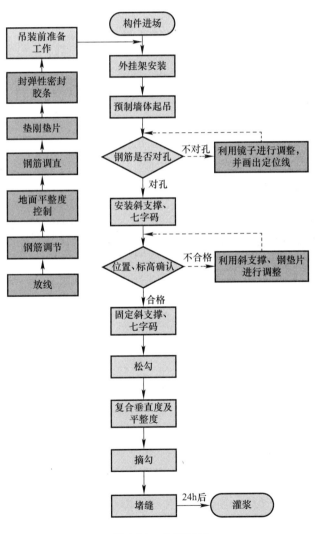

图 2-58 吊装流程

（2）预制外墙起前准备工作

清理结合面，根据定位轴线，在已施工完成的楼层板上放出预制墙体定位边线及

200mm 控制线。并做一个 200mm 控制线的标识牌，用于现场标注说明该线为 200mm 控制线，方便施工操作及墙体控制。见图 2-59。

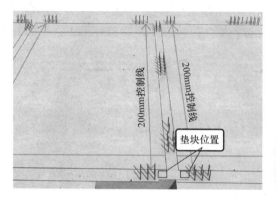

图 2-59　弹出墙体边线及 200mm 控制线

用自制钢筋卡具对钢筋的垂直度、定位及高度进行复核，对不符合要求的钢筋进行校正，确保上层预制外墙上的套筒与下一层的预留钢筋能够顺利对孔。见图 2-60。

图 2-60　卡具实体图

（3）预制外墙起吊

吊装时设置两名信号工，起吊处一名，吊装楼层上一名。另外墙吊装时配备一名挂钩人员，楼层上配备 3 名安放及固定外墙人员。

吊装前由质量负责人核对墙板型号、尺寸，检查质量无误后，由专人负责挂钩，待挂钩人员撤离至安全区域时，由下面信号工确认构件四周安全情况，确认无误后进行试吊，指挥缓慢起吊，起吊到距离地面 0.5m 左右时，塔式起重机起吊装置确定安全后，继续起吊。见图 2-61。

（4）预制外墙安装

待墙体下放至距楼面 0.5m 处，根据预先定位的导向架及控制线微调，微调完成后减缓下放。由两名专业操作工人手扶引导降落，降落至 100mm 时一名工人利用专用目视镜观察连接钢筋是否对孔。见图 2-62。

（工作面上吊装人员提前按构件就位线和标高控制线及预埋钢筋位置调整好，将垫铁准备好，构件就位至控制线内，并放置垫铁。）

图 2-61　将专用吊扣牢固扣在吊钉上外墙缓缓起吊至 0.5m 高

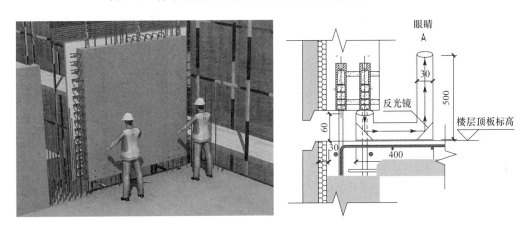

图 2-62　两名专业操作工人手扶引导降落检查对孔

（5）墙体标高的控制

方法一：

预制外墙吊装前在墙体内侧弹出 500mm 控制线，墙体吊装完成后此控制线距楼层标高为 500mm。

500mm 控制线主要做法依据：保证预制墙体吊装完成后墙体上口内侧标高控制在 ±3mm 以内，有门窗洞口的墙体保证洞口定位在 ±3mm 以内。

弹线方法：以无门窗预制墙体高度 2750mm 为例，从墙体顶部两侧测量 x、y 长度以 2270mm 长度控制，有门窗洞口墙体需再考虑洞口定位弹线。

墙体吊装之前在室内架设激光扫平仪，扫平标高为 500mm，墙体定位完成缓慢降落过程中通过激光线与墙体 500mm 控制线进行校核，墙体下部通过调节钢垫片进行标高调节，直至激光线与墙体 500mm 控制线完全重合。见图 2-63。

方法二：

使用水准仪测出待吊装层所有预制外墙落位处的放置垫片四个角落处的标高，由技术人员进行计算出该层预制外墙落位处的平均值，如最低处与最高处差值过大可取平均区间，或者将几处最低和最高的部位进行处理后再取平均值。

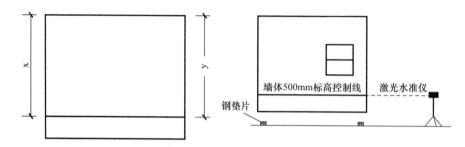

图 2-63　标高控制水平仪检测

将各点的标高 a 值与平均标高 b 值记录清楚，待对应的预制外墙进场后，通过验收后可得出对应垫片位置的内叶墙高度 c 值，然后根据层高 2900mm 进行等式计算，可得出放置垫片的高度值 d。

例如：在进行二层预制外墙吊装前，已知任意预制外墙一个垫铁处的部位标高 $a=2848$mm，本层平均标高 $b=2852$mm，该墙此垫铁处内叶墙高度 $c=2753$mm，求垫片高度值 d。

$-(a-b)+d+c+130$mm$=2900$mm

$-(2848-2852)+d+2753$mm$+130$mm$=2900$mm

$-4+d+2883$mm$=2900$mm

$d=21$mm

需要注意的是，由于垫片的原始放置面和与上层预制外墙的下侧接触面均为粗糙面，在测量标高前，需人工对放置面进行处理，确保其水平。在带吊装预制外墙下侧的垫片接触面同样进行处理，确保此处的水平，且与对应的内叶墙外边缘在一条水平线上，如凸出或凹陷太多，在最后放置垫片时可进行相应调整。

此方法可确保每一层的外墙横缝在一条水平线上，确保横缝可一次性达到最优效果。

同时，如果一块预制外墙能够满足进场验收的标准，则其对角线值可达到设计要求，反映到预制外墙上就是该构件无限接近于一个规正的矩形，同时也满足了外墙竖缝在一条垂线上。由于预制外墙之间的横缝和竖缝的设计要求为 20mm，在确保外墙缝通直的同时，仍需满足设计图纸中预制外墙吊装、安装就位和连接施工中的误差允许值，即预制墙板水平/竖向缝宽度≤2mm。

当首层吊装完毕后，可通过测量平均标高值，控制以上每一层的标高，最终控制整栋楼的高度。如在二层底板浇筑完毕后，得出标高比原设计标高高出 5mm，可通过调节垫片的高度，或浇筑混凝土的高度，每一次消化掉 1mm 的误差，到第六层施工完毕后可完全消化掉 5mm 的误差。

（6）支撑体系的安装

墙体停止下落后，由专人安装斜支撑和七字码，利用斜支撑和七字码固定并调整预制墙体，确保墙体安装垂直度。构件调整完成后，复核构件定位及标高无误后，由专人负责摘钩，斜支撑最终固定前，不得摘除吊钩。（预制墙体上需预埋螺母，以便斜支撑固定）

斜支撑固定完成后在墙体底部安装七字码，用于加强墙体与主体结构的连接，确保后续作业时墙体不产生位移。每块墙体安装两根可调节斜支撑和两个七字码。见图 2-64、图 2-65。

图 2-64　斜撑安装

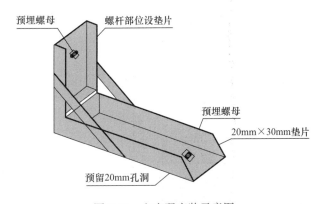

图 2-65　七字码安装示意图

（7）位置、标高确认

通过靠尺核准墙体垂直度，水准仪核准墙体标高，调节斜支撑使墙体定位准确，最后固定斜支撑。

（8）堵缝

封堵前，先用吹风机将墙体周边及缝隙内杂物清理干净。

采用自制 100mm 宽，30mm 高双层叠合模板对墙体与楼面之间的缝隙进行封堵，模板侧面靠内墙位置边缘固定一条 3mm 厚橡胶防水密封条，采用水泥钉将模板固定于地面，堵缝效果要确保不漏浆。见图 2-66。

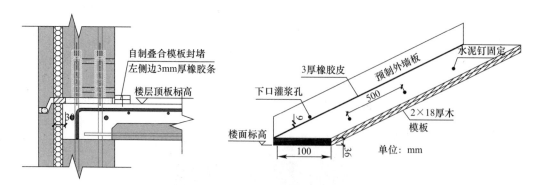

图 2-66　模板封堵叠合模板封堵示意

3. 注浆工艺

（1）注浆工程工艺流程（图 2-67）

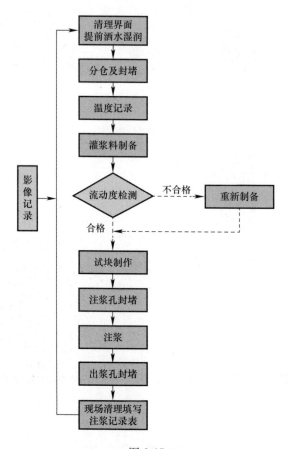

图 2-67

（2）灌浆孔是否通畅的检查方法

墙体在现场堆放时处于竖直状态，难以检查套筒底部孔洞，所以通孔检查需在产业园进行。

拆模后，用电筒光通过套筒底部孔口检查套筒内部及灌浆管内孔是否有杂物堵塞，可用压缩空气或水清理干净。

预制构件在运输与存储过程中，在套筒的各个孔洞口加橡胶塞或木塞，防止杂物进入套筒。发现塞子缺失后，构件吊装前如发现塞子缺失，需使用管道刷对套筒进行疏通。

（3）灌浆料的检验

1）强度检验

灌浆料强度按批检验，以每楼层为一检验批；每工作班应制作一组且每层不应少于 3 组 40mm×40mm×160mm 的试件，标准养护 28d 后进行抗压强度试验。

2）流动度及实际可操作时间检验

每次灌浆施工前，需对制备好的灌浆料进行流动度检验，同时须做实际可操作时间检验，保证灌浆施工时间在产品可操作时间内完成。灌浆料搅拌完成初始流动度应≥300mm，以 260mm 为流动度下限。浆料流动时，用灌浆机循环灌浆的形式进行检测，记录流动度降为 260mm 时所用时间；浆料搅拌后完全静止不动，记录流动度降为 260mm 时所用时间；根据时间数据确定浆料实际可操作时间，并要求在此时间内完成灌浆。

（4）灌浆料强度的确定，拆除临时支撑的时间

1）预制墙体生产前，应对钢筋套筒灌浆连接接头进行抗拉强度试验，每种规格的连接接头试件数量不少于 3 个。根据抗拉强度试验报告及现场制作的灌浆料试件抗压强度试验报告，确定灌浆料强度达到设计要求的时间，再来确定拆除临时支撑的时间。

2）灌浆料与灌浆套筒需是同一厂家生产。根据设计要求及套筒规格、型号选择配套的灌浆料，施工过程中严格按照厂家提供的配置方法进行灌浆料的制备，不允许随意更换。如要更换，必须重新做强度试验，确保连接强度符合设计要求后方可投入使用。

（5）灌浆区域的分仓措施

对比较长的墙体灌浆面积大、灌浆料多、灌浆操作时间长，而灌浆料初凝时间较短，故需对一个较大的灌浆区域进行人为的分区操作，保证灌浆操作的可行性。

采用电动灌浆泵灌浆时，一般单仓长度不超过 1m，在经过实体灌浆试验确定可行后可适当延长，但不宜超过 3m。

根据项目实际情况，现拟将分仓隔墙设置在套筒区域与非套筒区域的分界线上，即墙体暗柱区域及墙身的分界线上。墙体长度较大时，可将墙身部分再次分仓以满足灌浆可行性。分仓隔墙宽度不应小于 2cm，为防止遮挡套筒孔口，距离连接钢筋外缘不应小于 4cm。

分仓时两侧内衬模板选用便于抽出的 PVC 管，将拌好的封堵料填塞充满模板，保证其与上下构件表面结合密实，然后抽出内衬。

（6）接缝封堵及灌浆孔封堵

分仓完成后对接缝处外沿进行封堵。由于压力灌浆时一旦漏浆很难进行处理，因此采用封缝砂浆与聚乙烯棒密封条相结合进行封堵。墙体吊装前将密封条布置在墙体边线处，吊装后将砂浆填充在接缝外沿，将密封条向里挤压，支模固定待砂浆养护至初凝（不少于 24h）能承受套筒灌浆的压力后，再进行灌浆。

灌浆时需提前对灌浆面进行洒水湿润且不得有明显积水。采用压浆法从套筒下孔灌浆，通过水平缝连通腔一次向多个套筒灌注，按浆料排出先后用橡胶塞（或软木塞）依次封堵排浆孔，灌浆泵一直保持灌浆压力，直到所有套筒的上孔都排出浆料并封堵牢固后再停止灌浆，最后一个出浆孔封堵后需持压 5s，确保套筒内浆料密实度。如有漏浆须立即补灌。

（7）灌浆前准备

1）人员准备

现场灌浆施工是影响套筒灌浆连接施工质量的最关键因素，直接关系到装配式建筑的结构稳定性，需由专业工人完成。灌浆施工前，所有人员（包括管理人员和施工操作人员）均需进行培训，施工时严格按照国家现行相关规范执行。管理人员配备齐全，施工人员操作熟练，未经许可不准随意更换人员。项目现拟灌浆操作班组组成：1个机械调试人员，1个浆料制备人员，一个灌浆人员，一个封堵人员，共 4 人。

2）材料准备

套筒灌浆料进场时，应检查其产品合格证及出厂检验报告，并在现场做试搅拌、试灌浆，对其初始流动度、30min 流动度及灌浆可操作时间进行测试。灌浆料存放在通风干燥处并避免阳光直射。

灌浆料与灌浆套筒需是同一厂家生产。根据设计要求及套筒规格、型号选择配套的灌浆料，施工过程中严格按照厂家提供的配置方法进行灌浆料的制备，不允许随意更换。如要更换，必须重新做连接接头的型式检验，确保连接强度符合设计要求后方可投入使用。

灌浆料抗压强度按批检验，以每楼层为一检验批；每工作班应制作一组且每层不应少于 3 组 40mm×40mm×160mm 的试件，标准养护 28d 后进行抗压强度试验。

3）器具设备准备（表 2-2）

器具设备准备　　　　　　　　　　　　　　　　表 2-2

序号	设备名称	规格型号	用途	图示
1	电子地秤	30kg	量取水、灌浆料	

序号	设备名称	规格型号	用途	图示
2	搅拌桶	25L	盛水、浆料拌制	
3	电动搅拌机	≥120r/min	浆料拌制	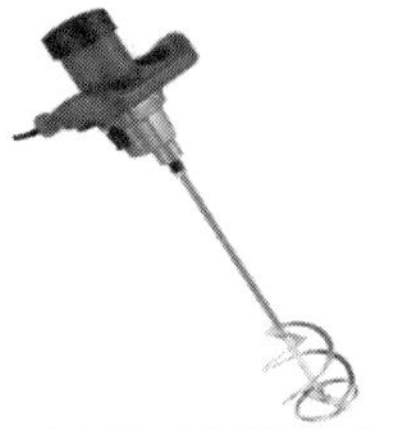
4	电动灌浆泵		压力法灌浆	
5	手动注浆枪		应急用注浆	
6	管道刷		清理套筒内表面	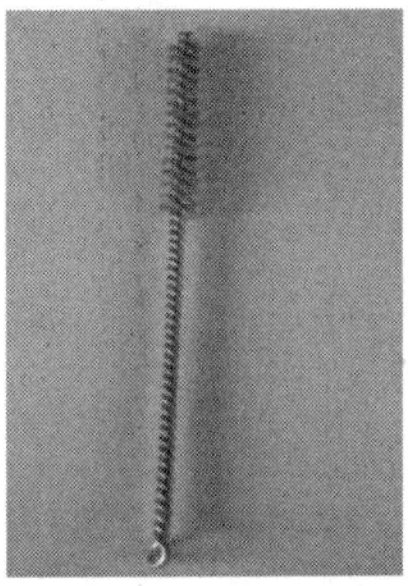

4. 叠合板、叠合梁的吊装工艺

（1）吊装工艺流程图（图2-68）

（2）吊装前准备工作

1）在进行叠合梁、板吊装之前，在下层板面上进行测量放线，弹出尺寸定位线及支撑立杆定位线；

2）叠合梁、板在与预制构件或现浇构件搭接处搭接处放出1cm控制线。见图2-69。

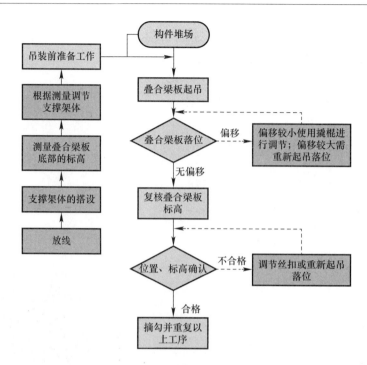

图 2-68　吊装工艺流程图

图 2-69　放出叠合板边线及叠合板架体定位线

（3）叠合梁板起吊

吊装时设置两名信号工，构件起吊处一名，吊装楼层上一名。另叠合梁板吊装时配备一名挂钩人员，楼层上配备 2 名安放叠合梁板人员。

吊装前由质量负责人核对墙板编号、尺寸，检查质量无误后，由专人负责挂钩，待挂钩人员撤离至安全区域时，由下面信号工确认构件四周安全情况，指挥缓慢起吊，起吊到距离地面 0.5m 左右时，塔式起重机起吊装置确定安全后，继续起吊。

（4）叠合梁板安装

待叠合梁板下放至距楼面 0.5m 处，根据预先定位的导向架及控制线微调，微调完成后减缓下放。由两名专业操作工人手扶引导降落，降落至 100mm 时，一名工人通过铅垂观察叠合梁板的边线是否与水平定位线对齐。

（5）叠合梁、定位及标高的控制

1）叠合梁水平定位的控制

在进行叠合梁吊装之前，在下层板面上进行测量放线，弹出尺寸定位线。在进行叠合梁吊装完毕后，进行后浇构件和现浇梁的模板支设过程中，在与叠合梁落位处设置一个卡口，防止保叠合梁的偏位。

2）叠合梁竖向标高的控制

在支撑架体搭设的过程中，在进行叠合梁吊装前，预制墙体已吊装完成，与叠合板一样，可通过在下层板面上使用水准仪，根据已安装好的预制墙体顶标高，对承放叠合梁的横杆的标高进行控制。

3）叠合梁落位时的定位控制

支撑体系搭设完毕后，将叠合梁直接从运输构件车辆上挂钩起吊至操作面，距离墙顶 500mm 时，停止降落，操作人员稳住叠合梁，参照下层板面上的控制线，使用铅垂定位逐步引导叠合梁缓慢降落至支撑上方，待构件稳定后，方可进行摘勾和校正。

由于叠合梁为人工手扶的落位方式，故在叠合梁落位的过程当中，需要操作工人严格按照定位进行落位。吊装过程中需要项目管理人员和劳务管理人员旁站监督，吊装完毕后，需要双方管理人员共同检查定位是否与定位线偏差，采用铅垂和靠尺进行检测，如超出质量控制要求，管理人员需责令操作人员对叠合梁进行调整，如误差较小则采用撬棍即可完成调整，若误差较大，则需要重新起吊落位，直到通过检验为止。

（6）叠合板的吊装工艺

1）叠合板水平定位的控制

先对靠近预制外墙侧的叠合板进行吊装，在进行叠合板吊装之前，在下层板面上进行测量放线，弹出尺寸定位线。叠合板的吊装根据设计要求，需与甩筋两侧预制墙体、现浇剪力墙、现浇梁或叠合梁相互搭接 10mm，需在以上结构上方或下层板面上弹出水平定位线。

2）叠合板竖向标高的控制

由于叠合板是通过三角架独立支撑进行受力支撑的，则必须对三角架独立支撑的竖向标高进行严格的控制。

由于在进行叠合板吊装前，预制墙体已吊装完成，且每一大块叠合板均与预制墙体搭接，则可通过在下层板面上使用水准仪，根据已安装好的预制墙体顶标高，对三角架独立支撑的标高进行控制。

3）叠合板落位时的定位控制

支撑体系搭设完毕后，将叠合板直接从运输构件车辆上挂钩起吊至操作面，距离墙顶 500mm 时，停止降落，操作人员稳住叠合板，参照墙顶垂直控制线和下层板面上的控制线，引导叠合板缓慢降落至支撑上方，待构件稳定后，方可进行摘钩和校正。

由于叠合板为人工手扶的落位方式，故在叠合板落位的过程当中，需要操作工人严格按照定位进行落位。吊装过程中需要项目管理人员和劳务管理人员旁站监督，吊装完毕后，需要双方管理人员共同检查定位是否与定位线偏差，采用铅垂和靠尺进行检测，如超出质量控制要求，或偏差已影响到下一块叠合板的吊装，管理人员需责令操作人员对叠合板进行重新起吊落位，直到通过检验为止。

5. 预制楼梯的吊装工艺

（1）吊装工艺流程图（图 2-70）

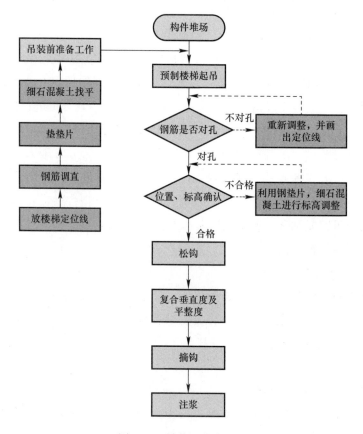

图 2-70　吊装工艺流程图

（2）施工前准备工作

1）根据施工图纸，在上下楼梯休息平台板上分别放出楼梯定位线；同时在梯梁面放置钢垫片，并铺设细石混凝土找平。垫片尺寸：3mm、5mm、8mm、10mm、15mm、20mm。见图 2-71。

图 2-71 楼梯定位线及找平

2）检查竖向连接钢筋，针对偏位钢筋进行校正。

（3）预制楼梯起吊

用吊钩及长短吊绳吊装预制楼梯，吊装时设置两名信号工，构件起吊处一名，吊装楼层上一名。另楼梯吊装时配备一名挂钩人员，楼层上配备 2 名安放及固定楼梯人员。

吊装前由质量负责人核对楼梯型号、尺寸，检查质量无误后，由专人负责挂钩，待挂钩人员撤离至安全区域时，由下面信号工确认构件四周安全情况，指挥缓慢起吊，起吊到距离地面 0.5m 左右，塔式起重机起吊装置确定安全后，继续起吊。见图 2-72。

图 2-72 长短吊绳吊装

（4）预制楼梯安装

待墙体下放至距楼面 0.5m 处，由专业操作工人稳住预制楼梯，根据水平控制线缓慢下放楼梯，对准预留钢筋，安装至设计位置。见图 2-73。

（5）安装连接件、踏步板及永久栏杆

楼梯停止降落后，由专人安装预制楼梯与墙体之间的连接件，然后安装踏步板及永久栏杆（预制墙体上需预埋螺母，以便连接件固定）。见图 2-74。

图 2-73　落位安装

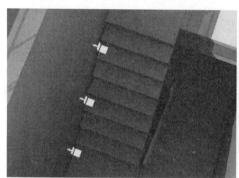

图 2-74　连接件及栏杆安装

6. 预制构件的支撑体系

（1）预制剪力墙的斜撑体系

预制墙体的支撑选用单根斜支撑与七字码相结合的形式，斜撑及七字码上部固定在预制墙体预制墙体上预埋的螺母上，下口采用膨胀螺栓固定。预制剪力墙的斜支撑主要是为了避免预制剪力墙在灌浆料达到强度之前，墙体出现倾覆的情况，斜撑的布置具体参照剪力墙的具体尺寸、内部钢筋的绑扎和内部的预埋件的位置进行布置。

墙体支撑采用单根斜撑与七字码的形式进行固定，斜撑及七字码在叠合楼板固定宜采用预埋钢筋头或者是穿楼板固定的形式，严禁采用膨胀螺栓进行固定，主要有以下几个原因：①膨胀螺栓本身的受力性能难以控制，安全隐患大；②膨胀螺栓的性能受混凝土强度影响较大，特别是冬季时，混凝土浇筑完成后需长时间等待混凝土强度上升，耽误工期；③膨胀螺栓定位位置随意，容易将楼板内的预埋管线破坏，后期修复困难。

采用上述支撑体系存在以下问题：①采用七字码与斜撑相结合的形式进行支撑无法对墙体下口的前后定位进行调节，且七字码影响外墙的定位安装，建议采用图 2-75 所示的双斜撑的体系进行支撑。

② 斜撑下口的固定点需要提前进行深化设计，避开楼板内的管线，同时需要注意转角处斜撑与斜撑之间、构件斜撑与铝模斜撑之间的冲突。

图 2-75 双斜撑体系

（2）叠合梁、叠合板、预制阳台、空调板支撑体系

目前应用的有普通钢管扣件支撑体系、独立支撑体系及承插盘扣式支撑体系，项目具体情况进行选择。

叠合板可调独立支撑、三角撑、支撑横梁组成，实施过程中需注意以下事项：

三角撑每栋楼配置一套进行周转使用，独立支撑的三角撑后期基本未使用，三角撑可独立采购，建议取消；

独立支撑的定位间距需提前进场策划，首先要满足独立支撑及叠合板安全计算的需求，同时定位需避开构件斜支撑及铝模斜撑；

一般采用的是 2 根 50×100 的木枋拼接而成的 100×100 的木枋，另外有成品 100×100 的木枋及金属横梁可供采购；

同一块叠合板下尽量布置 4 根单支顶进行支撑，支撑横梁的长度需提前根据单支顶的间距进行详细策划，支撑横梁下需由两个独立支撑进行回顶，避免出现一根横梁一个单支顶的情况；

叠合板支撑体系的验收目前无相关流程，建议参考常规项目满堂架验收流程进行验收，自行制定相关验收表格。

1）叠合梁支撑体系

叠合梁支撑体系与叠合板类似，因本项目叠合梁放置于两侧的现浇墙体之间，长度较小的叠合梁可直接搁置在现浇墙体的铝模小背楞上，底部不需要加支撑，若长度较长，需在叠合梁底部加独立支撑及支撑小木枋进行回顶。

因叠合梁端头两侧为水洗面，叠合梁长度一般为负误差，叠合梁两侧端头不能完全嵌入到现浇墙体的铝模中，会产生侧翻及漏浆的问题，项目采用在叠合梁就位后，在现浇墙铝模上增加左右两侧配件，通过销钉销片与现浇墙铝模小背楞连接，避免产生侧翻及漏浆问题。见图 2-76、图 2-77。

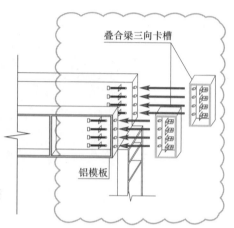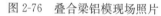

图 2-76　叠合梁铝模现场照片　　　　　图 2-77　叠合梁三向卡槽

2）预制楼梯支撑体系

项目采用的是全预制楼梯，包含预制梯梁及休息平台与梯段板整体预制的楼梯板，预制梯梁与两侧预制墙体的后浇段通过钢筋锚固固定。

预制楼梯支撑时，通过单支顶支撑预制梯梁，楼梯板固定在预制梯梁上。

3）预制阳台支撑体系

预制阳台采用四根独立支撑体系进行固定，需要注意：预制阳台吊装时阳台靠近外墙且仅靠独立支撑体系进行固定，阳台的重心需向楼层内轻微倾斜，要求靠近外侧的两根独立支撑要略高于内侧的独立支撑，同时也可将预制阳台的预留钢筋与预制墙体上的预留钢筋进行焊接作为加强措施。

阳台为悬挑构件，独立支撑体系较叠合板支撑体系需多套配置，满足混凝土强度达到 100％时独立支撑体系拆除的要求。

4）PCF 板支撑体系

PCF 板安装过程中在 PCF 板及两侧的预留墙体上预埋螺母，通过 L 形角铁上预留长圆孔通过螺栓进行临时固定，两侧各两个，需要注意在相邻两侧外墙后浇段内钢筋绑扎之前进行固定，否则角铁安装将十分困难。

5）空调板支撑体系

空调板支撑可根据空调板的定位及大小进行支撑，较小空调板若两侧有预制墙体，较大空调板或悬挑空调板底部应加独立支撑体系。

叠合梁、叠合楼板的支撑的竖向为专业定制三角独立支撑、水平方向为 100×100 的木枋，墙叠合楼板的支撑主要是为了竖向支撑叠合楼板，并对现浇部分浇筑时提供支撑。立杆的支撑体系共配备 2 层，每两层一周转，即在第 x 层施工完毕后，再进行

第 $x+2$ 层的施工时，将第 x 层的立杆支撑拆除，周转至第 $x+2$ 层进行施工。

预制阳台、空调板等悬挑结构的支撑体系与叠合楼板的支撑体系相同，共配备 6 层三角独立支撑进行周转。见图 2-78。

图 2-78　空调板支撑体系

2.3.3　外墙接缝密封胶施工

1. 深化设计

预制外墙板的水平接缝通常采用构造防水与材料防水相结合的两道防水构造，垂直接缝采用结构防水与材料防水相结合的两道防水构造。其中，材料防水是靠防水材料阻断水的通路，以达到防水的目的或增加抗渗漏的能力。预制外墙接缝的防水材料宜采用耐候性密封胶，接缝处的背衬材料宜采用发泡氯丁橡胶或发泡聚乙烯塑料棒。见图 2-79～图 2-81。

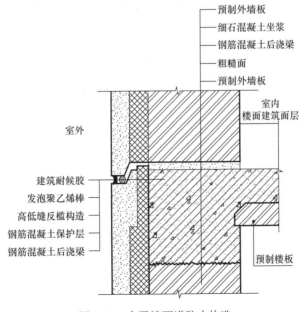

图 2-79　水平缝两道防水构造

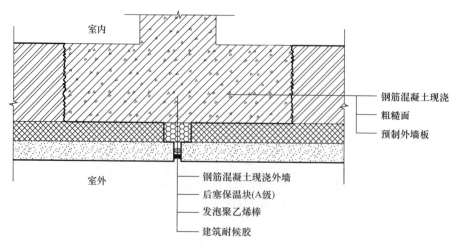

图 2-80 垂直缝两道防水构造一

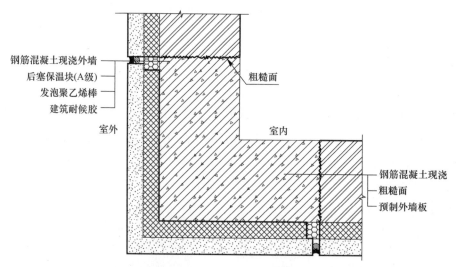

图 2-81 垂直缝两道防水构造二

2. 工艺流程

（1）工具准备

施工前，准备好施工所用材料、工具。见图 2-82。

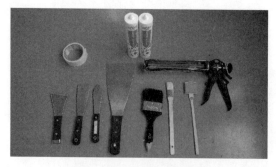

图 2-82 工具准备示意图

（2）接缝确认

接缝的被粘接面要求没有缺损，无突起物，平坦且牢固。被粘接面有缺损或者突起的地方，会造成密封胶产生不均一的应力，从而阻碍施工和影响粘接。另外，密封胶固化后即使是很小的位移也会造成结构材料破损从而造成渗水。因此，在清理接缝之前，应首先对接缝进行检查，确认被粘接面是否良好：

1）两侧墙板是否在同一平面，若严重不规整则须先进行平整，例如用砂轮机打磨平整；

2）检查接缝两侧墙板是否存在碰撞导致的缺损，可利用水泥砂浆对破损处进行修补；

3）利用钢尺检查接缝尺寸，确保缝宽符合设计要求。若宽度过窄可利用切割机扩大接缝宽度；若宽度过宽可利用水泥砂浆修补；

4）接缝深度可通过衬垫材料来控制。见图 2-83。

图 2-83　接缝宽度确认

（3）清扫施工面

装配式建筑接缝处一般会有浮尘、水泥浮浆或松动的石子等，不利于密封胶与结构面的粘结，需在施胶前将接缝清理干净。一般先用砂轮机、钢丝刷或铲刀去除不利于粘结的物质，清理后应检查确保接缝内部上下连通、无水泥渣块的阻隔；然后用毛刷或者压缩空气清理接缝基材表面打磨产生的灰尘、杂质等，形成干净、结构均一的新生混凝土表面。

处理过的基材表面应清洁、干燥、密实、质地均一，并确保接缝内部上下贯通、无水泥渣块阻隔。见图 2-84。

（4）填入衬垫材料

当接缝的形状呈沙漏形时，密封胶可发挥出最好的抗位移能力。密封胶填缝深度和形状可通过填装衬垫材料来保证，以达到设计指定的尺寸，填装之前可先用量尺测量确认接缝深度。衬垫材料的宽度应大于接缝，具体要求参考产品说明。衬垫材料应均匀填入接缝中，并连续铺设。为防止衬垫材料在施胶之前淋雨吸水，密封胶应及时涂敷。衬垫材料填装好之后如遇降水或降雪，应进行再次填装或进行充分干燥。

图 2-84　清扫施工面

浸油材料、沥青、未硫化的聚合物及类似的材料不能用作衬垫材料，以免污染基材或密封胶。建议使用柔性泡沫塑料或海绵胶条（例如聚氨酯泡沫或聚乙烯发泡材料），在缝内不产生永久变形、不吸水、不吸气、不会因受热而隆起使密封胶鼓泡。衬垫材料在缝内应不限制密封胶运动。闭孔衬垫材料的宽度一般应大于接缝宽度的20%～30%；开孔衬垫材料的宽度一般应大于接缝宽度的40%～50%。见图2-85。

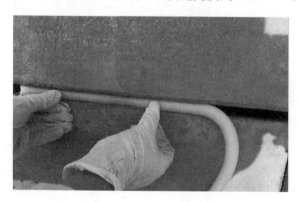

图 2-85　填入衬垫材料

（5）粘贴隔离物

粘贴隔离物是用于防止密封胶接触到不希望粘接的表面或材料上，这类粘结会破坏密封胶的性能。隔离物可在施胶过程中防止周边污染和方便修饰密封胶表面。粘贴隔离物在所选定的位置涂刷底涂前进行粘贴。需要注意的是，隔离物仅限于在施工作业当天使用，打完胶后应立刻将其摘除。

可以用作隔离物的材料有：聚乙烯或聚四氟乙烯自粘带或其他指定的防粘材料。不建议采用液体粘贴隔离物，防止污染被粘结面。另外，浸油材料、沥青、未硫化的聚合物及类似的材料不能用作粘贴隔离物。见图2-86。

图 2-86　粘贴隔离物

（6）底涂处理

采用底涂的目的是改善密封胶与基材之间的粘结性，并减少密封胶粘着固化所需时间。建议采用装配式混凝土建筑密封胶配套的专用底涂液，以得到最好的密封粘结效果。

底涂处理应在基材清理后、施打密封胶之前进行。刷底涂之前应充分理解接缝施工横截面图，并确认准备工作是否做好（例如基材清理、衬垫材料填装、粘贴保护胶带等）。底涂剂涂刷工具可选用天然硬毛刷或干净的不脱毛棉布。涂刷时应保持用力均匀，并沿同一方向一次涂刷，不宜反复来回进行。在需施胶的基材表面涂上一层薄而均匀的底涂，确保无缺漏部位。不可使用过量底涂，否则达不到增粘效果。底涂剂打开后须尽快使用，不可敞口放置。另外，底涂液具有一定的危险性，操作时应采取相应的安全防护措施。

底涂涂刷好后，须待涂层干燥后方可进行密封胶施工，且应在底涂涂刷后 8h 内完成。施工完成后，如果有脏东西或灰尘被粘附时，要将异物除去后再次进行涂刷。如遇到密封胶施工顺延至第 2 天时，需要再次进行涂刷底涂的操作。

一般条件下，底涂涂刷后的干燥时间在 30min 以内。见图 2-87。

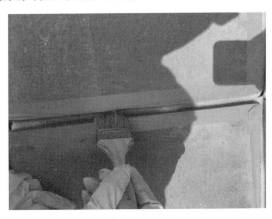

图 2-87　涂刷底涂

（7）双组分-混胶

对于单组分密封胶，可用手动或气动施胶枪直接从包装容器中挤出施胶，或用单组分打胶机施工。多组分密封胶应按规定配合比投料并使用专用的混胶机器混合均匀，工序和操作要领如下：

1）把定量包装好的固化剂、色料添加到主剂桶中；

2）将主剂桶放置在专用的混胶机器上，扣上固定卡扣，安装好搅拌桨；

3）旋动旋钮设置搅拌时间 15min，启动电源开关，按设定的程序自动进行混胶；

4）取出搅拌桨时将附着在桨上的胶刮入桶内，取出主剂桶在地上垂直震击数次。

混胶结束后，可通过蝴蝶试验来判断混胶是否均匀，如胶样无明显的异色条纹，可认为混胶均匀。建议不要分多次搅拌，不要使用手动搅拌机，以防止气泡混入。已混好的胶应使用专用的胶枪抽取，并应尽快使用，避免阳光照射。见图 2-88、图 2-89。

图 2-88　搅拌混胶

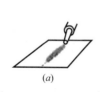

(a) (b) (c) (d)

图 2-89　蝴蝶试验示意图

（a）对折处挤注密封胶；（b）叠合挤压纸面；（c）未均匀混合（有白色条纹）；（d）均匀混合的密封胶

（8）施胶

施工所用密封胶应符合国家、行业相关规范要求。

密封胶的挤注动作应连续进行，使胶体均匀、连续地以圆柱状从注胶枪嘴挤出。施胶时应将胶嘴探到接缝内部，施加适当的压力使密封胶注满整个接缝空隙并有少许外溢。胶体应与基材面充分、紧密接触，避免密封胶和衬垫材料之间产生空腔。枪嘴移动的速度应保持均匀缓慢，确保接缝内充满密封胶，防止因枪嘴移动过快而产生气泡或空洞。枪嘴的外径应略小于注胶接缝宽度，以便枪嘴能伸入接缝内部。当接缝宽度较大时，刮胶时表面容易产生凹陷，建议采用两步施工，即注入一半密封胶之后先进行压实，然后再注入另一半。在交叉的接缝处注胶时（例如"十"字形、"T"字形接缝），应先在接缝交叉口挤入足量的密封胶，然后分别向各接缝方向牵引施胶。填充时应特别注意防止气泡产生，确保密封胶接头处的连接效果。

密封胶固化受温度和湿度的影响，施胶过程中的环境温度和相对湿度应符合产品说明书的要求。接缝表面不应有结露，并保持一定的干燥度。以选择晴朗天气为最适宜，雨天不建议施工，下雪天不可施工。如条件允许，尽量在傍晚时注胶，此时基材表面温度相对较低，且温差变化较小。见图 2-90。

图 2-90　填充密封胶

（9）修饰接缝

注胶工序完成后，应在密封胶表面结皮前或规定的操作时间内，对胶缝进行压实和整平，使胶体饱满密实、表面平整光滑。压实工作是为了确保密封胶与基材表面完全接触、接缝填充密实，避免形成空腔。首先用专用刮刀沿着打胶的反方向进行一次按压，并将接缝外多出的密封胶向缝内压实，然后利用软质橡胶刮板沿注胶方向二次按压，整个过程中用力要均匀。整平（刮胶修饰）工作是为了确保密封胶与缝隙边缘涂抹充实且胶体表面平整光滑，夏、秋季节高温时施工，需用抹刀将胶表面修饰成平整美观的平面形状，冬、春季节低温时施工，需将胶体表面修饰成凹面形状。见图 2-91。

（10）后处理

修饰完成后应立刻去除美纹纸。施工场所粘附的胶样要趁其在固化之前用溶剂进行去除，并对现场进行清扫。

密封胶缝的施工质量应达到饱满、密实、连续、均匀、顺直以及表面平滑无裂纹的要求，并与基材表面充分接触且粘接牢固，其宽度和厚度应符合设计要求以及相关技术标准的规定。见图 2-92。

图 2-91　修饰接缝

图 2-92　后处理

2.3.4　外架及防护体系

装配式混凝土剪力墙高层住宅建筑外架通常选用外挂式脚手架，故而下文中仅对外挂式脚手架进行介绍。

1. 外挂式脚手架

（1）总体实施思路

在进行装配式结构楼层的施工过程中，采用两层外挂架进行周转，每栋楼作业层的下一层预制外墙安装一套外挂架，对作业层临边施工人员进行防护，作业层的预制外墙吊装时同步安装另一套外挂架，作为上一层施工的防护架。依次进行周转，直至工程主体结构施工完成，将外挂式防护架拆除。见图 2-93。

（2）外挂式防护架体的具体设计

1）整体设计效果

外挂式防护架采用分段式设计，整体可分为三个部分：三角支座、踏步板、临边防护。三个部分内部均采用焊接连接成整体，三个部分之间则采用螺栓或 U 形卡的锚固连接方法，使安拆更加方便。见图 2-94～图 2-97。

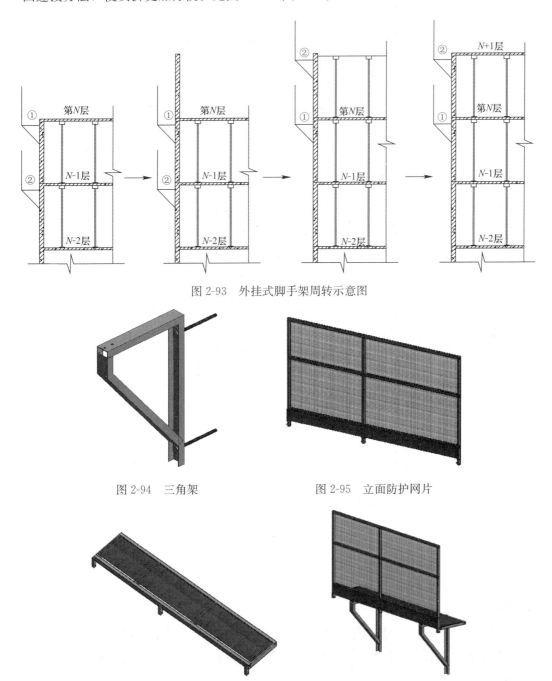

图 2-93 外挂式脚手架周转示意图

图 2-94 三角架 　　　　　 图 2-95 立面防护网片

图 2-96 走道板 　　　　　 图 2-97 外挂架整体

2）与预制墙体之间的附着设计

通过螺杆穿墙将挂架的三角撑与预制外墙连接固定，注意事项如下：

① 挂架预留孔的位置需与预制外墙后浇段铝模加固背楞错开，避免挂架的三角撑与铝模加固冲突，由工程总承包单位或施工单位统筹协调提供相关深化设计参数至预制构件加工厂家；

② 挂架预留孔的设计应内大外小，方便挂架的拆除，并可起到构造防水作用；

③ 螺杆必须与挂架的三角撑进行可靠连接，保证螺杆从室内拆除之后不掉落。

3）挂架的加工设计

挂架采用钢材制作，不同工程可根据工程具体的情况进行优化设计。见图 2-98、图 2-99。

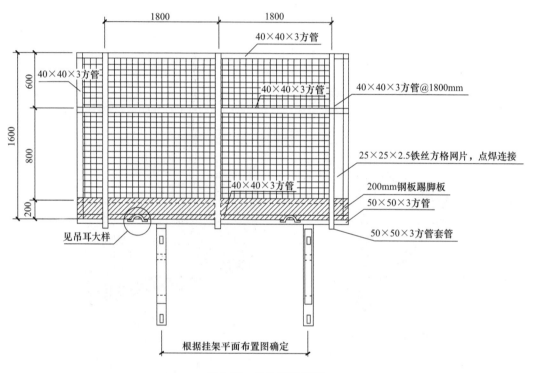

图 2-98　外挂架正视图

（3）外挂架制作说明

三角架支座由竖杆、横杆、斜杆及加劲杆焊接而成，其中加劲杆为 6.3 号槽钢，其余为 10 号槽钢。

踏板骨架由纵杆、横杆及套管组成，均采用 50×50×3 方管焊接，骨架上方点焊 3mm 花纹钢板。套管和吊环的布置应与三角架支座错开。踏板悬挑较大处，需焊接一道斜撑连接三角架加劲杆和通道骨架。

立面防护高 1800mm，骨架由 40×40×3 方管焊接而成。纵杆插入套管，采用 M10 螺栓连接固定。围护网采用 25×25×2.5 铁丝方格网片，点焊于骨架内侧，下方焊接 200mm 踢脚板于骨架外侧。

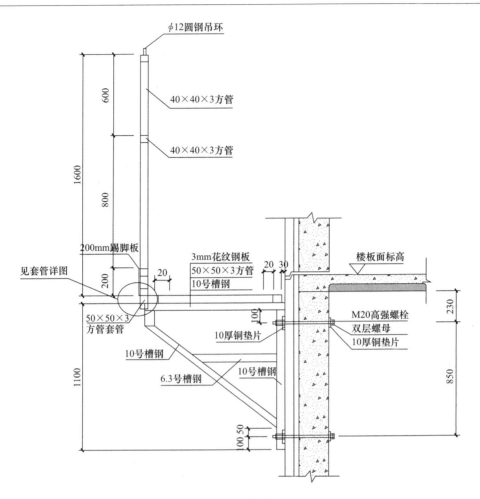

图 2-99　外挂架侧视图

外挂架整体刷蓝色油漆，踢脚板刷黄黑相间油漆。穿墙螺杆为 M20，采用 45 号钢制作，并经调质发黑处理，配 $75 \times 75 \times 10$ 垫片和螺母。

（4）荷载试验

《建筑施工工具式脚手架安全技术规范》JGJ 202—2010 规定，脚手架上施工荷载不得超过 $0.8\mathrm{kN/m^2}$，严禁大模板根部搁置在外挂架上，故架体在投入使用前须经荷载试验，持载 4h 后未发现焊缝开裂及结构变形等情况方可使用。

荷载试验步骤如下：

1）用塔式起重机将一片挂架吊至所需位置，并加固好。

2）在挂架两端外侧各立一根标杆，标杆上标注出挂架的水平线位置。

3）采用沙袋分两次加载，总荷载为设计荷载的 1.5 倍。第一次加 1/2 总荷载，沙袋均匀放在挂架上，2h 后，检查挂架水平位置，并记录下沉高度；第二次加载同第一次，检查穿墙螺栓及固定点处是否有破坏，并记录。再过 4h，对挂架各部位、紧固点全面检查并记录，对挂架下沉高度进行记录，检查各部位，若无裂纹、变形、结构墙体无破坏，焊接部分无开焊，即可通过荷载试验。若有裂纹、变形等，则试验失败，挂架不可使用。

荷载试验由技术部门组织，监理单位、生产部门、安全部门、挂架使用班组全程参与。考虑到安全及操作方便等因素，宜在首层墙板上做荷载试验，10m 范围内设置警戒线，并作好标识，严禁有人穿行。参与试验的架子工，上架时安全带挂在可靠的地方，不得挂在挂架上。

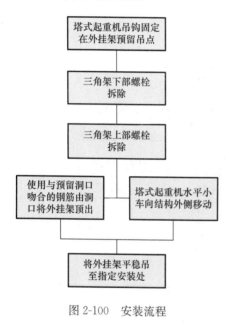

图 2-100　安装流程

（5）外挂架的周转使用

1）周转流程

外挂架在地面上将防护栏杆、操作平台、三角支撑通过螺栓连接之后，整体吊装，安装流程如图 2-100 所示。

2）周转注意事项

外挂架的拆除，操作人员在走道板处将塔式起重机卡扣固定在外挂架的预留吊环后，再进入楼层内对三角架螺栓进行拆除。

在对应外挂架的螺母全部松脱后，在楼层内使用与预留洞口相吻合的钢筋将螺栓顶出，同时外挂架向结构外侧荡出。为防止外挂架荡回对墙体造成破坏，塔式起重机水平小车向结构外侧移动，同时为避免塔式起重机指挥与塔式起重机操作人员沟通不及时的情况，在外挂架的内外棱角处包裹一层橡胶圈等柔性材料，将损失最小化。注意事项如下：

① 严格按照施工方案规定的尺寸进行搭设，并确保节点连接达到要求。

② 外挂架搭设好后，必须经过安全部门、生产部门及监理单位验收合格后方可使用，作业人员必须认真戴好安全帽、系好安全带。

③ 吊装挂架的索具应使用现行国家标准《重要用途钢丝绳》GB 8918 规定的钢丝绳。钢丝绳直径不应小于 12.5mm，断股、起毛、锈蚀严重的钢丝绳不得使用。钢丝绳扣紧绳卡不少于三个，长度不小于 500mm。

④ 挂架安装过程中要求平稳、准确、不碰撞、不兜挂，在吊装时必须使用大卡环，不允许使用吊钩。

⑤ 当墙体未与挂架连接固定好时，吊索不允许脱钩。

⑥ 预制斜支撑不得支撑于外挂架上。

⑦ 外挂架经验收合格投入使用后，任何人不得擅自拆改，确因施工需要改动应经施工负责人批准，架子工负责操作。

⑧ 要有可靠的安全防护措施，其中包括：两道护身栏，作业层外侧面的钢丝防护网不得损坏。

⑨ 设专人负责挂架定期检查：垫铁是否齐全、螺丝是否拧紧、穿墙螺栓、防护网片、外架吊具等是否损坏，一旦损坏必须及时更换。

⑩ 所有外侧模板拆除时必须在有防护架时方可作业，并且在外架拆除前将所有模板及支撑拆除干净。

⑪ 应严格避免以下违章作业：利用挂架吊运重物、非架子工的其他作业人员攀登架子上下、推车在架子上跑动、在架体上拉结吊装缆绳、随意拆除架体部件和连墙杆件、起吊构件或器材时碰撞外挂架、提升时架子上站人。

⑫ 挂架上严禁堆放施工材料或重大荷载。

⑬ 动力线和照明线不得直接搭挂在挂架上，应设置木支架。

⑭ 六级以上大风、大雾、大雨和大雪天气应暂停外挂架作业面施工。雨雪过后须由安全部门组织复工检查，确保无损坏后方可上架体作业。

⑮ 施工人员不得在架子上集中停留或跑跳嬉戏、攀登挂架上下。

⑯ 高处作业严禁抛掷物料。

⑰ 转角处挂架挑出部分必须加斜拉杆，只允许上人，禁止承受其他荷载并且不得过于集中布置。

2. 临边防护

（1）非作业层的临边防护

由于装配整体式剪力墙结构的外墙设计为预制结构，在非作业层产生临边的作业的部位为预制阳台及预制楼梯，楼梯及阳台的临边防护设计以永临结合的形式进行，将工程的永久栏杆提前进场安装，施工过程中加以保护，作为施工用的临边防护体系，实施过程中的注意事项如下：

1）栏杆专业分包的深化设计介入需提前至工程设计阶段，提前对栏杆进行深化设计，确定栏杆的形式、结构固定点位置、固定方法，在预制构件加工图设计阶段对固定点的预埋进行设计，在构件生产过程中按照图纸进行预埋；

2）栏杆的安装过程需提前至主体结构施工阶段，在作业层的下一非作业层即开始穿插施工；

3）永久栏杆安装完成后必须加以成品保护，避免施工过程中发生损坏。见图2-101。

（2）作业层的临边防护

1）作业层的楼梯防护

作业层楼梯因施工周转材料转运过程容易对楼梯栏杆产生破坏，且影响另外一侧楼梯的吊装，因此不宜采用永久的楼梯栏杆，因楼梯为预制，不宜采用传统在梯段板上用膨胀螺栓固定的方式进行临边防护的施工。

图 2-101 栏杆埋件及成型示意图

采用固定防护栏杆立柱支座，需增加铁件来稳定立柱，故采用 C 形铁件与预制楼梯构件夹紧，然后在 C 形铁件上焊接防护栏杆立柱底座，以便于安装防护网片。在 C 形铁件上穿孔并焊接螺帽，用螺杆插入后用扳手拧紧（螺杆插入后前端焊接垫片，以增大紧固时与构件的接触面积防止损坏构件，也能防止 C 形铁件安拆周转过程螺杆脱落丢失），示意图见图 2-102、图 2-103。

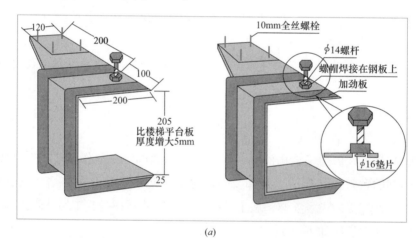

(a)

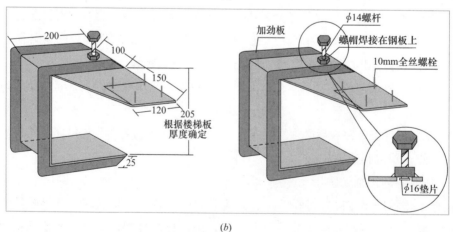

(b)

图 2-102 预制楼梯卡扣示意图（一）

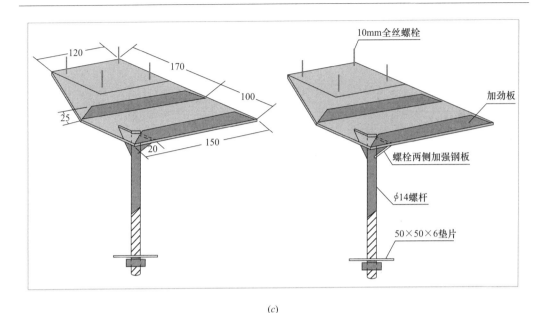

(c)

图 2-102 预制楼梯卡扣示意图（二）

图 2-103 预制楼梯定型化临边防护示意图

2）作业层的楼梯口防护

若装配式建筑中的楼梯为预制，预制楼梯的吊装滞后作业层一层，作业层的楼梯口形成临边作业，现场制作定型化钢架进行防护进行防护，设计要点如下：

① 根据现场楼梯空间尺寸，确定其长宽长度，利用两端横梁高低尺寸确定两端立柱高度（与浇筑混凝土后板面平齐）；

② 工具式临边防护支撑框架管材采用 50×100 方管，按"示意图"形状制成，除"分解图"两侧外，其他均采用焊接连接，分解图处，采用双连接钢板底座焊接，用螺栓固定；

③ 在框架表面"标化立柱底座"处，采用与标立柱底座同型号的底座钢板，焊接在框架上横梁上，便于下一步的标化防护网片安装；

④ 吊耳采用 φ16 圆钢制作，设置点 4 个吊点，并应保持吊装过程平衡。见图 2-104～图 2-106。

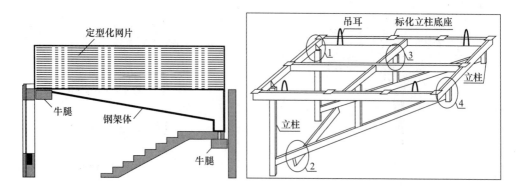

图 2-104　作业层楼梯口防护制作思路图

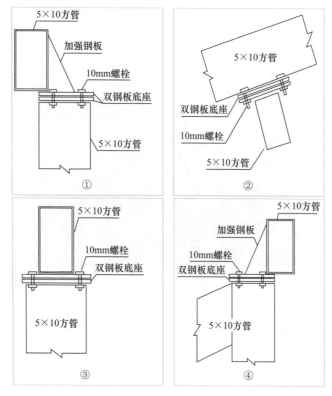

图 2-105　细部节点图

3) 作业层的阳台临边防护

利用预制阳台外侧反梁整体预制的特点，通过制作 h 形卡扣，采用 30×30 和 25×25 加厚方管制成 "h" 形，下部 "n" 形部分，采用 30×30 加厚管材焊接，上部为 25 管材，插入下部内约 100mm，焊接或锚固牢固，将其卡住阳台反梁上；用标化高度 1.2m 的网片（加上阳台反梁高度防护设施应满足＞1.5m），将防护网片立柱套入 "h"

卡上即可，应满足套入长度≥150mm。预制外墙吊装完成后可直接进行临边防护的安装，简便快捷，便于周转。见图 2-107、图 2-108。

图 2-106 作业层楼梯口防护实物图

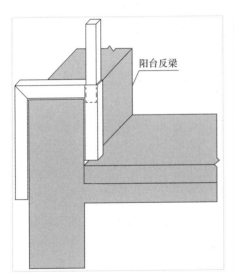
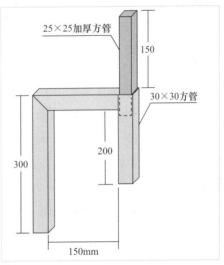

图 2-107 "h"形卡扣示意图

图 2-108 作业层阳台临边防护实物图

2.3.5　质量验收

1. 一般规定

结构实体检验应按现行国家标准《混凝土结构工程施工质量验收规范》GB 50204 的有关规定执行。

装配式混凝土结构工程施工用的部品、构配件及其他原材料均应按检验批进行进场验收。

装配混凝土结构子分部工程，检验批的划分原则上每层不少于一个检验批。检验批、分项工程、子分部工程的验收程序应符合《建筑工程施工质量验收统一标准》GB 50300 的规定。检验批、分项工程的质量验收记录应符合《混凝土结构工程施工质量验收规范》GB 50204 的规定。

混凝土结构子分部工程验收时，提供的文件和记录应符合现行国家标准《混凝土结构工程施工质量验收规范》GB 50204、《装配式混凝土建筑技术标准》GB/T 51231 有关规定。

当装配式结构子分部工程施工质量不符合要求时，应按下列规定进行处理：

（1）经返工、返修或更换构件、部件的检验批，应重新进行检验；

（2）经有资质的检测单位检测鉴定达到设计要求的检验批，应予以验收；

（3）经有资质的检测单位检测鉴定达不到设计要求，但经原设计单位核算并确认仍可满足结构安全和使用功能的检验批，可予以验收；

（4）经返修或加固处理能够满足结构安全使用要求的分项工程，可根据技术处理方案和协商文件进行验收。

装配式结构中各分项工程应在安装施工过程中完成下列隐蔽工程的现场验收：

（1）混凝土粗糙面的质量，键槽的尺寸、数量、位置；

（2）钢筋的牌号、规格、数量、位置、间距，箍筋弯钩的弯折角度及平直段长度；

（3）钢筋的连接方式、接头位置、接头数量、接头面积百分率、搭接长度、锚固方式及锚固长度；

（4）预埋件、预留管线的规格、数量、位置；

（5）预制混凝土构件接缝处防水、防火等构造做法；

（6）保温及其节点施工；

（7）其他隐蔽项目。

装配式结构种各分项工程施工质量验收合格后，应填写子分部工程质量验收记录，并将所有的验收文件存档备案。

2. 预制构件

（1）主控项目

预制构件进场时，预制构件结构性能检验应符合下列规定：

1）梁板类非叠合简支受弯预制构件进场时应进行结构性能检验，并应符合下列规定：

① 结构性能检验应符合国家现行有关标准的有关规定及设计的要求，检验要求和试验方法应符合现行国家标准《混凝土结构工程施工质量验收规范》GB 50204 的有关规定。

② 钢筋混凝土构件和允许出现裂缝的预应力混凝土构件应进行承载力、挠度和裂缝宽度检验；不允许出现裂缝的预应力混凝土构件应进行承载力、挠度和抗裂检验。

③ 对大型构件及有可靠应用经验的构件，可只进行裂缝宽度、抗裂和挠度检验。

④ 对使用数量较少的构件，当能提供可靠依据时，可不进行结构性能检验。

⑤ 对多个工程共同使用的同类型预制构件，结构性能检验可共同委托，其结果对多个工程共同有效。

2）对于不单独使用的叠合板预制底板，可不进行结构性能检验。对叠合梁构件，是否进行结构性能检验、结构性能检验的方式应根据设计要求确定；

3）对本条第 1、2 款之外的其他预制构件，除设计有专门要求外，进场时可不做结构性能检验；

4）本条第 1、2、3 款规定中不做结构性能检验的预制构件，应采取下列措施：

① 施工单位或监理单位代表应驻厂监督生产过程。

② 当无驻厂监督时，预制构件进场时应对其主要受力钢筋数量、规格、间距、保护层厚度及混凝土强度等进行实体检验。

检验数量：同一类型预制构件不超过 1000 个为一批，每批随机抽取 1 个构件进行结构性能检验。

检验方法：检查结构性能检验报告或实体检验报告。

注：1）"同类型"是指同一种钢筋、同一混凝土强度等级、同一生产工艺和同一结构形式。抽取预制构件时，宜从设计荷载最大、受力最不利或生产数量最多的预制构件中抽取。

2）本条中"大型构件"一般指跨度大于 18m 的构件。

进入现场的预制构件应具有出厂合格证及相关质量证明文件，产品质量应符合设计及相关技术标准要求。

检查数量：全数检查。

检验方法：检查出厂合格证及相关质量证明文件。

预制构件的外观质量不应有严重缺陷，对已经出现的严重缺陷，应按技术处理方案进行处理，并重新检查验收。

检查数量：全数检查。

检验方法：观察，检查技术处理方案。

预制构件不应有影响结构性能和安装的几何尺寸偏差。对超过尺寸允许偏差且影响结构性能和安装、使用功能的部位，应按技术处理方案进行处理，并重新检查验收。

检查数量：全数检查。

检验方法：量测，检查技术处理方案。

预制构件表面预贴饰面砖、石材等饰面与混凝土的粘接性能应符合设计和国家现行有关标准的规定。

检查数量：按批检查。

检验方法：检查拉拔强度检验报告。

（2）一般项目

预制构件应有标识，标识应包括生产企业名称、制作日期、品种、规格、编号等信息。

检查数量：全数检查。

检验方法：观察检查。

预制构件的外观质量不应有一般缺陷。对已经出现的一般缺陷，应按技术处理方案进行处理，并重新检查验收。

检查数量：全数检查。

检验方法：观察，检查技术处理方案。

预制构件粗糙面的外观质量、键槽的外观质量和数量应符合设计要求。

检查数量：全数检查。

检验方法：观察，量测。

预制构件表面预贴饰面砖、石材等饰面及装饰混凝土饰面的外观质量应符合设计要求或国家现行有关标准的规定。

检查数量：按批检查。

检验方法：观察或轻击检查；与样板比对。

预制构件吊装预留吊环、预留焊接埋件应安装牢固、无松动。

检查数量：全数检查。

检验方法：观察检查。

预制构件的预埋件、插筋及预留孔洞等规格、位置和数量应符合设计要求。对存在的影响安装及施工功能的缺陷，应按技术处理方案进行处理，并重新检查验收。

检查数量：全数检查。

检验方法：观察检查，检查技术处理方案。

预制构件尺寸偏差及预留孔、预留洞、预埋件、预留插筋、键槽的位置和检验方法应符合表 2-3～表 2-5 的规定；设计有专门规定时，应符合设计要求。预制构件有粗糙面时，与粗糙面相关的尺寸允许偏差可放宽 1.5 倍。

检查数量：同一类型的构件，不超过 100 个为一批，每批应抽查构件数量的 5%，且不应少于 3 个。

预制楼板类构件外形尺寸允许偏差及检验方法   表 2-3

项次	检查项目			允许偏差（mm）	检验方法
1	规格尺寸	长度	＜12m	±5	用尺量两端及中间部，取其中偏差绝对值较大值
			≥12m 且＜18m	±10	
			≥18m	±20	
2		宽度		±5	用尺量两端及中间部，取其中偏差绝对值较大值
3		厚度		±5	用尺量板四角和四边中部位置共 8 处，取其中偏差绝对值较大值
4		对角线差		6	在构件表面，用尺量测两对角线的长度，取其绝对值的差值
5	外形	表面平整度	上表面	4	用 2m 靠尺安放在构件表面上，用楔形塞尺量测靠尺与表面之间的最大缝隙
			下表面	3	
6		楼板侧向弯曲		L/750 且≤20mm	拉线，钢尺量最大弯曲处
7		扭翘		L/750	四对角拉两条线，量测两线交点之间的距离，其值的 2 倍为扭翘值
8	预埋部件	预埋钢板	中心线位置偏差	5	用尺量测纵横两个方向的中心线位置，记录其中较大值
			平面高差	0，−5	用尺紧靠在预埋件上，用楔形塞尺量测预埋件平面与混凝土面的最大缝隙
9		预埋螺栓	中心线位置偏移	2	用尺量测纵横两个方向的中心线位置，记录其中较大值
			外露长度	+10，−5	用尺量
10		预埋线盒、电盒	在构件平面的水平方向中心位置偏差	10	用尺量
			与构件表面混凝土高差	0，−5	用尺量
11	预留孔	中心线位置偏移		5	用尺量测纵横两个方向的中心线位置，记录其中较大值
		孔尺寸		±5	用尺量测纵横两个方向尺寸，取其最大值
12	预留洞	中心线位置偏移		5	用尺量测纵横两个方向的中心线位置，记录其中较大值
		洞口尺寸、深度		±5	用尺量测纵横两个方向尺寸，取其最大值
13	预留插筋	中心线位置偏移		3	用尺量测纵横两个方向的中心线位置，记录其中较大值
		外露长度		±5	用尺量
14	吊环、木砖	中心线位置偏移		10	用尺量测纵横两个方向的中心线位置，记录其中较大值
		留出高度		0，−10	用尺量
15	桁架钢筋高度			+5，0	用尺量

预制墙板类构件外形尺寸允许偏差及检验方法　　　　表 2-4

项次	检查项目			允许偏差（mm）	检验方法
1	规格尺寸	高度		±4	用尺量两端及中间部，取其中偏差绝对值较大值
2		宽度		±4	用尺量两端及中间部，取其中偏差绝对值较大值
3		厚度		±3	用尺量板四角和四边中部位置共8处，取其中偏差绝对值较大值
4	对角线差			5	在构件表面，用尺量测两对角线的长度，取其绝对值的差值
5	外形	表面平整度	内表面	4	用2m靠尺安放在构件表面上，用楔形塞尺量测靠尺与表面之间的最大缝隙
			外表面	3	
6		侧向弯曲		$L/1000$ 且≤20mm	拉线，钢尺量最大弯曲处
7		扭翘		$L/1000$	四对角拉两条线，量测两线交点之间的距离，其值的2倍为扭翘值
8	预埋部件	预埋钢板	中心线位置偏移	5	用尺量测纵横两个方向的中心线位置，记录其中较大值
9			平面高差	0，−5	用尺紧靠在预埋件上，用楔形塞尺量测预埋件平面与混凝土面的最大缝隙
10		预埋螺栓	中心线位置偏移	2	用尺量测纵横两个方向的中心线位置，记录其中较大值
			外露长度	+10，−5	用尺量
		预埋套筒、螺母	中心线位置偏移	2	用尺量测纵横两个方向的中心线位置，记录其中较大值
			平面高差	0，−5	用尺紧靠在预埋件上，用楔形塞尺量测预埋件平面与混凝土面的最大缝隙
11	预留孔	中心线位置偏移		5	用尺量测纵横两个方向的中心线位置，记录其中较大值
		孔尺寸		±5	用尺量测纵横两个方向尺寸，取其最大值
12	预留洞	中心线位置偏移		5	用尺量测纵横两个方向的中心线位置，记录其中较大值
		洞口尺寸、深度		±5	用尺量测纵横两个方向尺寸，取其最大值
13	预留插筋	中心线位置偏移		3	用尺量测纵横两个方向的中心线位置，记录其中较大值
		外露长度		±5	用尺量
14	吊环、木砖	中心线位置偏移		10	用尺量测纵横两个方向的中心线位置，记录其中较大值
		与构件表面混凝土高差		0，−10	用尺量
15	键槽	中心线位置偏移		5	用尺量测纵横两个方向的中心线位置，记录其中较大值
		长度、宽度		±5	用尺量
		深度		±5	用尺量

续表

项次	检查项目		允许偏差（mm）	检验方法
16	灌浆套筒及连接钢筋	灌浆套筒中心线位置	2	用尺量测纵横两个方向的中心线位置，记录其中较大值
		连接钢筋中心线位置	2	用尺量测纵横两个方向的中心线位置，记录其中较大值
		连接钢筋外露长度	+10，0	用尺量

预制梁柱桁架类构件外形尺寸允许偏差及检验方法　　　表 2-5

项次	检查项目			允许偏差（mm）	检验方法
1	规格尺寸	长度	<12m	±5	用尺量两端及中间部，取其中偏差绝对值较大值
			≥12m 且 <18m	±10	
			≥18m	±20	
2		宽度		±5	用尺量两端及中间部，取其中偏差绝对值较大值
3		高度		±5	用尺量板四角和四边中部位置共8处，取其中偏差绝对值较大值
4	表面平整度			4	用2m靠尺安放在构件表面上，用楔形塞尺量测靠尺与表面之间的最大缝隙
5	侧向弯曲	梁柱		$L/750$ 且 ≤20mm	拉线，钢尺量最大弯曲处
		桁架		$L/1000$ 且 ≤20mm	
6	预埋部件	预埋钢板	中心线位置偏移	5	用尺量测纵横两个方向的中心线位置，记录其中较大值
			平面高差	0，−5	用尺紧靠在预埋件上，用楔形塞尺量测预埋件平面与混凝土面的最大缝隙
7		预埋螺栓	中心线位置偏移	2	用尺量测纵横两个方向的中心线位置，记录其中较大值
			外露长度	+10，−5	用尺量
8	预留孔	中心线位置偏移		5	用尺量测纵横两个方向的中心线位置，记录其中较大值
		孔尺寸		±5	用尺量测纵横两个方向尺寸，取其最大值
9	预留洞	中心线位置偏移		5	用尺量测纵横两个方向的中心线位置，记录其中较大值
		洞口尺寸、深度		±5	用尺量测纵横两个方向尺寸，取其最大值
10	预留插筋	中心线位置偏移		3	用尺量测纵横两个方向的中心线位置，记录其中较大值
		外露长度		±5	用尺量
11	吊环	中心线位置偏移		10	用尺量测纵横两个方向的中心线位置，记录其中较大值
		留出高度		0，−10	用尺量

续表

项次	检查项目		允许偏差（mm）	检验方法
12	键槽	中心线位置偏移	5	用尺量测纵横两个方向的中心线位置，记录其中较大值
		长度、宽度	±5	用尺量
		深度	±5	用尺量
13	灌浆套筒及连接钢筋	灌浆套筒中心线位置	2	用尺量测纵横两个方向的中心线位置，记录其中较大值
		连接钢筋中心线位置	2	用尺量测纵横两个方向的中心线位置，记录其中较大值
		连接钢筋外露长度	+10，0	用尺量测

装饰构件的装饰外观尺寸偏差和检验方法应符合设计要求；当设计无具体要求时，应符合表 2-6 的规定。

装饰构件外观尺寸允许偏差及检验方法 表 2-6

项次	装饰种类	检查项目	允许偏差（mm）	检验方法
1	通用	表面平整度	2	2m 靠尺或塞尺检查
2		阳角方正	2	用托线板检查
3	面砖、石材	上口平直	2	拉通线用钢尺检查
4		接缝平直	3	用钢尺或塞尺检查
5		接缝深度	±5	用钢尺或塞尺检查
6		接缝宽度	±2	用钢尺检查

检查数量：按照进场检验批，同一规格（品种）的构件每次抽检数量不应少于该规格（品种）数量的 10%、且不少于 5 件。

3. 预制构件安装与连接

（1）主控项目

预制构件安装临时固定及支撑措施应有效可靠，符合施工方案及相关技术标准要求。

检查数量：全数检查。

检查方法：观察检查。

预制构件与现浇结构，预制构件与预制构件之间的连接应符合设计要求。施工前应对接头施工进行工艺检验。

采用机械连接时，接头质量应符合现行行业标准《钢筋机械连接技术规程》JGJ 107 的要求；采用灌浆套筒时，接头抗拉强度及断后伸长率应符合现行行业标准《钢筋套筒灌浆连接应用技术规程》JGJ 355 的要求。

采用焊接连接时，接头质量应符合现行行业标准《钢筋焊接及验收规程》JGJ 18 的要求，检查焊接产生的焊接应力和温差是否造成预制构件出现影响结构性能的缺陷，对已出现的缺陷，应处理合格后，再进行混凝土浇筑。

检查数量：全数检查。

检查方法：观察，检查施工记录和检验报告。

装配式混凝土结构中预制构件的接头和拼缝处混凝土或砂浆的强度及收缩性能应符合设计要求。

检查数量：全数检查。

检查方法：观察，检查施工记录和检验报告。

钢筋连接用套筒灌浆料、浆锚搭接灌浆料配合比应符合产品使用说明书要求。

检查数量：全数检查。

检查方法：观察检查。

钢筋连接套筒灌浆、浆锚搭接灌浆应饱满，灌浆时灌浆料必须冒出溢流口；采用专用堵头封闭后灌浆料不应有任何外漏。

检查数量：全数检查。

检查方法：观察检查、检查灌浆施工质量检查记录。

施工现场钢筋连接用套筒灌浆料、浆锚搭接灌浆料应留置同条件成型并在标准条件养护的抗压强度试块，试块 28d 抗压强度应符合《钢筋连接用套筒灌浆料》JG/T 408 及产品设计要求的规定。

检查数量：按检验批，以每层为一检验批；每工作班应制作一组且每层不应小于 3 组 40mm×40mm×160mm 的长方体试件，标准养护 28d 后进行抗压强度试验。

检查方法：检查灌浆料强度试验报告及评定记录。

（2）一般项目

装配式结构施工后，预制构件位置、尺寸偏差及检验方法应符合设计要求；当设计无要求时，应符合表 2-7 的规定。预制构件与现浇结构连接部位的表面平整度应符合下表的规定。

装配式结构构件位置和尺寸允许偏差及检验方法　　　　　　　　表 2-7

项目			允许偏差（mm）	检验方法
构件中心线对轴线位置	基础		15	经纬仪及尺量
	竖向构件（柱、墙、桁架）		8	
	水平构件（梁、板）		5	
构件标高	梁、墙、板底面或顶面		±3	水准仪或拉线、尺量
	柱底面或顶面		±5	
构件垂直度	柱、墙	≤6m	5	经纬仪或吊线、尺量
		>6m	10	
构件倾斜度	梁、桁架		5	经纬仪或吊线、尺量

续表

项目			允许偏差（mm）	检验方法
相邻构件平整度	板端面		5	2m靠尺和塞尺量测
	梁、板底面	抹灰	5	
		不抹灰	3	
	柱墙侧面	外露	5	
		不外露	8	
构件搁置长度	梁、板		±10	尺量
支座、支垫中心位置	板、梁、柱、墙、桁架		10	尺量
墙板接缝	宽度		±5	尺量
	中心线位置		5	

检查数量：按楼层、结构缝或施工段划分检验批。在同一检验批内，对梁、柱，应抽查构件数量的 10%，且不应少于 3 件；对墙和板应有代表性的自然间抽查 10%，且不应少 3 间；对大空间结构，墙可按相邻轴线间高度 5m 左右划分检查面，板可按纵、横轴线划分检查面，检查 10%，且均不应少于 3 面。

装配式混凝土建筑的饰面外观质量应符合设计要求，并应符合现行国家标准《建筑装饰装修工程质量验收标准》GB 50210 的有关规定。

检查数量：全数检查。

检验方法：观察、对比量测。

4. 预制构件节点、密封与防水

（1）主控项目

预制墙板拼接水平节点模板与预制构件间、构件与构件之间应粘贴密封条，节点处模板应在混凝土浇筑时不应产生明显变形和漏浆。

检查数量：全数检查。

检验方法：观察检查。

预制构件拼缝处防水材料应符合设计要求，并具有合格证及检测报告。必须提供防水密封材料进场复试报告。

检查数量：全数检查。

检验方法：观察，检查施工记录和检验报告。

密封胶应打注饱满、密实、连续、均匀、无气泡，宽度和深度符合要求。

检查数量：全数检查。

检验方法：观察检查、尺量。

（2）一般项目

预制构件拼缝防水节点基层应符合设计要求。

检查数量：全数检查。

检验方法：观察检查。

密封胶缝应横平竖直、深浅一致、宽窄均匀、光滑顺直。

检查数量：全数检查。

检验方法：观察检查。

防水胶带粘贴面积、搭接长度、节点构造应符合设计要求。

检查数量：全数检查。

检验方法：观察检查。

预制构件拼缝防水节点空腔排水构造应符合设计要求。

检查数量：全数检查。

检验方法：观察检查。

预制构件安装完毕后，必须进行淋水试验。

检查数量：全数检查。

检验方法：观察、检查现场淋水试验报告。

第 3 章   实 施 案 例

3.1   工程情况介绍

中建·深港新城项目位于湖北省新洲区阳逻经济开发区余集新村东侧,工程规划总用地面积:155957.84m²,其中建设用地面积:140482.75m²,规划共分为 4 期。

本工程为一期工程,总用地面积 37824.12m²,总建筑面积 80665.6m²,由 2 栋 17 层、4 栋 15 层的住宅及三栋设备用房组成。其中住宅体系为装配式混凝土结构,采用工业化的建造方式进行施工。

工程的主体结构设计为:装配式混凝土剪力墙结构,预制构件之间通过现浇混凝土及套筒灌浆连接形成统一整体。

主体结构采用的预制构件有:预制外墙、预制隔墙、预制内墙、预制叠合梁、预制叠合板、预制叠合阳台、全预制楼梯、PCF 板、空调板共计 9 大类,内隔墙采用精确砂加气砌块,局部采用轻质条板隔墙。

室外工程采用的预制构件主要有:预制轻载道路板、预制重载道路板、装配式围墙。

当前装配式整体式剪力墙结构住宅设计中主要构件基本在工程中得以应用,结构预制率约 53%,装配率约 78%。

现场实施情况:

项目于 2015 年 7 月 28 日正式进场实施,开始场地平整工作,2015 年 8 月初 5 号楼基础及地下室结构施工完成,开始预制构件的试吊装工作,2015 年 9 月 16 日正式进行了预制构件的首吊仪式,2015 年 11 月所有楼栋主体结构大面开工,2016 年 4 月 27 日 5 号楼正式封顶,2016 年 5 月 20 日主体结构全面封顶。

3.2   实施过程

3.2.1   设计阶段

1. 户型设计阶段

在户型及房间设计过程中进行预制构件的拆分统计,设计出了 A、B 两个标准化的户型，户型采用 300mm 的模数。将 A、B 两个户型进行拼装，最终形成了"两个单元、一梯四户"的标准层，现场 6 栋楼标准层均采用此形式，楼栋层数略有不同。见图 3-1、图 3-2。

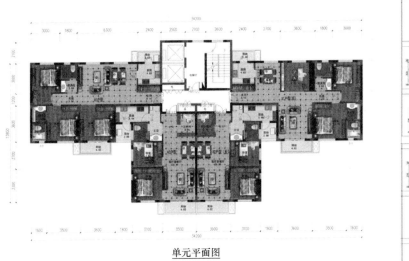

单元平面图

图 3-1 设计过程中的拆分分析

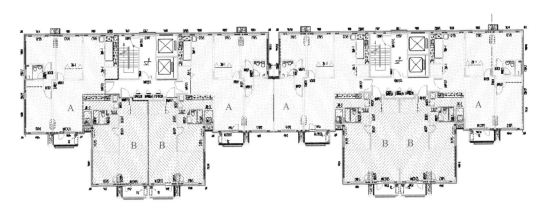

图 3-2 楼栋平面的组合

采用了大空间的设计理念，将主要承重构件设计在外墙中进行布置，室内户型通过轻质条板隔墙的运用实现户型的可变性。见图 3-3、图 3-4。

2. 构件加工图设计

在构件拆分阶段应用 Allplan 软件进行拆分设计，最大程度的归并预制构件的种类，形成标准化的构配件，整个工程共约 18000 个构件，而工厂模具仅需 45 种，保证相同类型的构件截面尺寸和配筋尽量统一，确保了构件标准化生产。

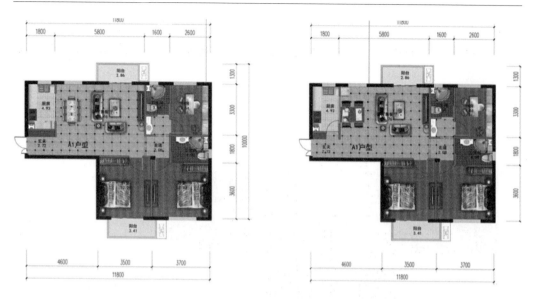

图 3-3　户型可变分析 1

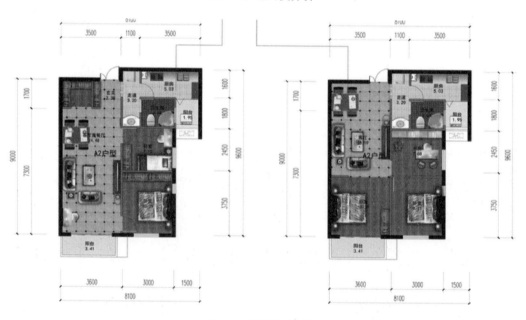

图 3-4　户型可变分析 2

　　构件深化设计阶段运用 Allplan 及 Revit 两套 BIM 软件进行深化设计。构件拆分完成后，运用 Allplan 软件进行预制构件的结构受力计算，进行钢筋设计，最后批量导出 BIM 模型。工程总承包单位统筹安排水电、土建、太阳能、通风系统等专业的需求，在 BIM 模型上进行预留预埋的统一安排，并进行模拟预拼装，最后利用 Allplan 软件对构件连接的钢筋碰撞及预留预埋矛盾等问题进行检查，避免了由于预制构件生产的不可逆转性造成的各类冲突导致的构件现场安装难题，避免了现场野蛮施工，保证现场进度正常进行。

　　Allplan 的项目数据存储在服务器上，项目负责人创建项目并分配权限，项目各参与者按照既定权限，同时在服务器上读写、修改设计文件；跨地区时，在同一项目不同的制图文件中设计，仍可实现协同工作，可提高工作效率。

3. 节点优化

　　构件构造节点、构件与构件连接节点、构件与现浇结构连接节点的设计，项目在参考国家规范图集的基础上充分考虑现场施工的可操作性，以保证工程质量，安全施工为前提对其进行了优化设计，如：预制外墙套筒连接区竖向节点、预制墙体水平后浇段节点、叠合板与叠合板之间拼缝节点、预制楼梯节点设计等。

　　（1）首层预制外墙竖向节点设计优化

　　一般的装配式建筑底部存在 1～2 层的现浇结构，而本工程通过优化设计，6 栋主楼均从首层开始装配施工。首层的预制外墙与基础剪力墙连接节点处设置反坎与基础一同现浇，通过此节点优化，解决了首层外墙渗水的隐患，且只需要对标准层外墙模具进行小改动即可实现。见图 3-5。

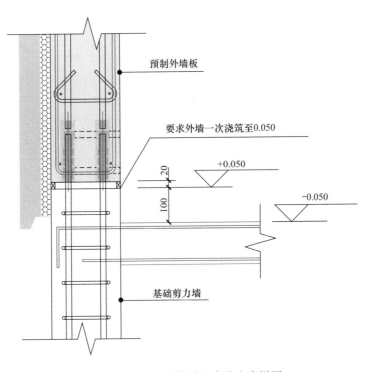

预制外墙板

要求外墙一次浇筑至0.050

+0.050

−0.050

20

100

基础剪力墙

图 3-5　首层预制外墙竖向节点大样图

　　（2）标准层预制外墙套筒连接区竖向节点设计优化

　　采用半灌浆套筒，预制墙板内钢筋通过机械连接与灌浆套筒进行连接，下层墙体外伸钢筋插入上层墙体套筒空腔内，后注入高强灌浆料进行锚固。

　　墙体外侧采用弹性防水密封胶条进行封堵，防止注浆料从外侧渗漏，同时可保证上下层墙体之间保温的连续性。见图 3-6。

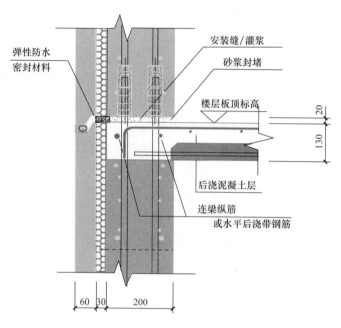

图 3-6　标准层预制外墙套筒连接区竖向节点大样图

（3）叠合板拼缝节点设计优化

叠合板与叠合板拼缝处预留 120mm 宽、5mm 厚的凹槽，通过此凹槽预留因楼板标高控制偏差或楼板厚度偏差引起的错台问题，后期装修时在凹槽内铺设网格布作为加强措施进行装饰面的施工，保证楼板的整体平整度。见图 3-7。

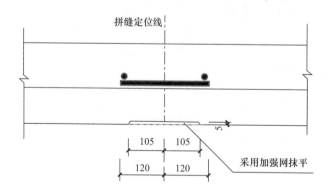

图 3-7　叠合板与叠合板拼缝节点处理大样图

（4）预制外墙拼缝节点设计优化

外墙竖向拼缝从内至外依次为现浇混凝土、挤塑聚苯板保温层、混凝土外叶板、聚乙烯泡沫塑料棒、建筑耐候密封胶，保温层之间选用弹性防水密封材料封堵。水平拼缝通过上下预制墙体的外叶板形成特定的企口，起到构造防水的作用。

　　拼缝内先塞入聚乙烯泡沫塑料棒，使用特定工具使塑料棒塞入深度一致，保证建筑耐候密封胶打入深度均匀，起到密封作用，同时预留空腔，保证保温的连续性。见图 3-8、图 3-9。

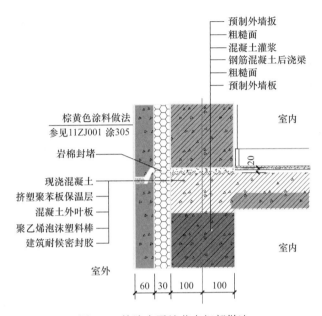

图 3-8　外墙水平缝节点细部做法

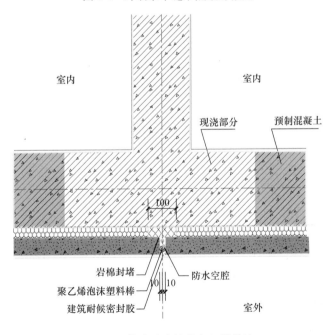

图 3-9　外墙垂直缝节点细部做法

（5）全预制楼梯连接节点设计优化

项目采用我司自主设计研发的全预制楼梯，将梯段与休息平台整体预制，直接放置在预制梯梁上，解决了以往的装配式结构楼梯休息平台现场支模影响吊转进度的问题，且整体预制、管线预埋成型效果好，降低现场装饰装修工程量。

优化后的全预制楼梯，梯梁、梯段形式简单、施工方便，与其余构件吊装工序搭接紧密，保证了主体施工进度。见图 3-10、图 3-11。

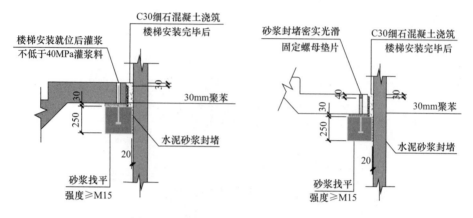

图 3-10　固定铰节点详图滑动铰节点详图

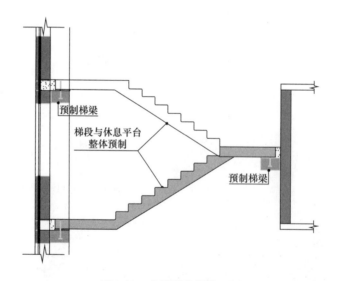

图 3-11　全预制楼梯施工图

（6）其他节点的优化设计

1）门窗部位构造节点设计（见图 3-12、图 3-13)

2）阳台、空调板节点设计（图 3-14)

3.2.2　构件加工及运输阶段

项目应用 PCIS 构件物联网系统，通过编码建立构件的唯一身份，实现构件从生产、验收、安装、运营管理等各个环节的协调部署及后期运维跟踪管理。系统实时反映项目所有构件的当前状态，且记录操作责任人，便于管理人员实时掌握现场进度，合理安排构件进场计划，提高了管理效率，实现了构件管理的可追溯性，以及项目进度的提前把控。

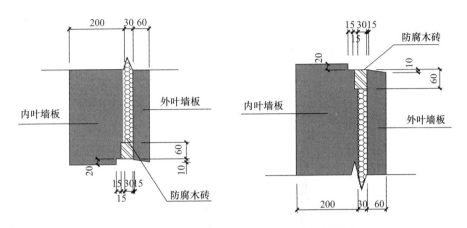

图 3-12 窗洞上口滴水详图窗洞下口滴水详图

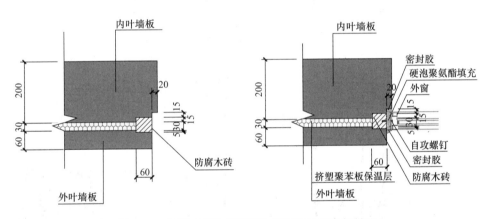

图 3-13 窗洞口侧边细部做法窗框缝处理细部做法

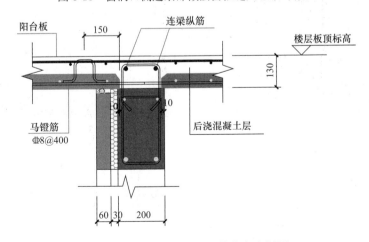

图 3-14 阳台、空调板连接节点大样图

（1）根据深化设计图纸将构件信息录入系统，PC 构件厂在系统上安排生产时间，使用专用打印机批量打印构件标识和编码到 RFID 射频卡上。

（2）在预制构件混凝土浇筑前埋入芯片卡，使用手持扫描终端扫描卡片，执行混凝土浇筑确认，构件脱模、质检、入库、发货、卸车、安装时，通过手持扫描终端可查看该构件所有前置环节的操作人、操作时间，在执行相应环节的确认后，确认信息会传回服务器。

（3）在构件生产验收过程中质检人员对构件进行检查，并将检查结果输入手持终端，数据会同步到系统中。

（4）现场预制构件安装完成之后，经验收合格的构件通过构件扫码枪将构件的安装信息反馈到信息系统之中。

（5）后期运营维护阶段通过信息系统中构件的信息进行管线的准确查找，便于维护及检修。见图 3-15～图 3-17。

图 3-15　RFID 射频卡片

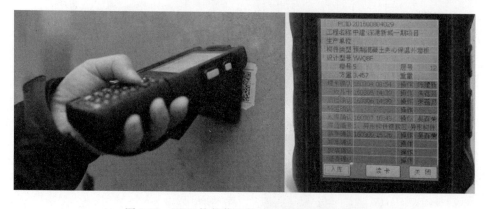

图 3-16　PCIS 构件信息管理系统手持扫描终端

3.2.3　施工策划阶段

1. 基于 BIM 技术的工业化住宅三维场地布置的研发

在建造阶段，工程的大型机械的选择、预制构件堆场的定位、构件堆场大小、堆

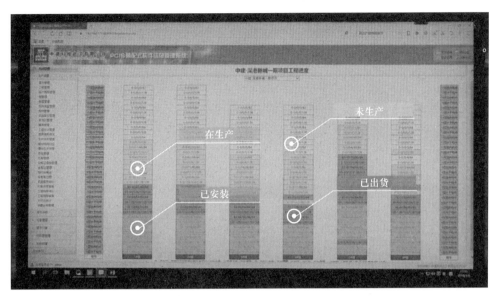

图 3-17 PCIS 构件信息管理系统

场内构件的堆放顺序对直接影响构件的装配进度。项目采用 BIM 三维场地布置代替二维总平面布置图，通过 Revit 软件建立各施工阶段的三维场地布置 BIM 模型进行项目施工部署，动态反映了各施工阶段最佳的场地布置状态。

（1）预制堆场定位及大小的选择：通过工程的 BIM 模型进行定位的选择，避开有室外管线的部位，可做到室外管线的提前穿插施工，加快进度。

（2）采用设计阶段设计完成的预制构件 BIM 模型对堆场内的预制构件摆放顺序进行策划，同吊装顺序一致。

（3）建立塔式起重机模型，结合 BIM 模型中预制构件的定位及重量信息，对塔式起重机的覆盖范围及吊重进行分析，确保所有预制构件均能够从堆场吊装至楼层上。见图 3-18～图 3-20。

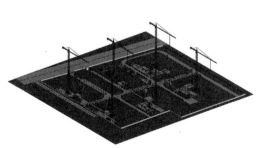

图 3-18 三维场地布置模型

图 3-19 墙体堆放示意

塔式起重机附墙位置根据装配整体式混凝土结构等同现浇的设计理念，将附墙受力点设置在预制外墙后浇段或套筒灌浆区域中。见图 3-21。

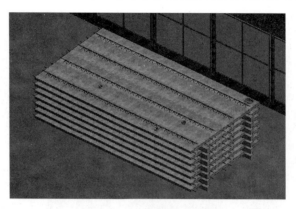

图 3-20　叠合板堆放示意

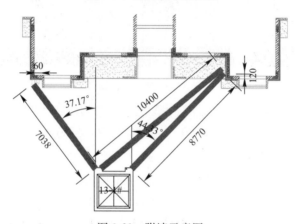

图 3-21　附墙示意图

对附墙点的具体位置确定，提前将定位位置提供至构件厂，构件生产过程中进行预留。对于夹心保温三明治外墙，由于中间存在低强度的保温板，需提前进行深化设计，将保温位置用混凝土进行替换，避免塔式起重机附着点位置被破坏。见图 3-22。

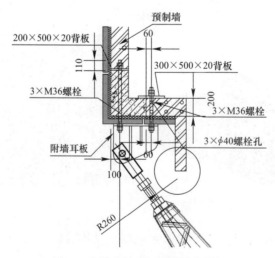

图 3-22　塔式起重机附墙节点详图

2. 基于 BIM 的进度计划和施工流水模拟的研究与应用

项目应用 Navisworks 软件，实现了项目实时的可视化。通过录入装配过程中的工序流水穿插，检查时间与空间是否协调，对潜在的冲突进行提前辨别、检查与报告，避免因误算造成的昂贵代价。

通过 Navisworks 软件，录入每一块构件吊装所需要的时间，录入每一处后浇段的钢筋绑扎、模板支设和管线穿插的时间，并且考虑每道工序因搭接不及时造成的时间损耗，对现场的施工进行模拟演练，以吊装工程为主线，不断推演出最佳的流水段划分和工序搭接流程。

以中建·深港新一期工程为例，工程预制率为 53%，标准层单层面积约 $800m^2$，分东西两个单元两段独立施工，每层竖向预制构件 80 个、水平构件 121 个。通过软件模拟标准层施工工序的穿插及流水安排，考虑塔式起重机的总利用率进行东西两个单元错层施工，得出正常是施工期间 7 天一个标准层的工序穿插时间安排表，在 7 天一层的时间和任务划分表中，合理增加夜间加班等施工内容，得出赶工期间 5 天一层的标准层工序穿插时间安排表。见表 3-1。

7 天一个标准层时间和任务划分表　　　　　　　　　　表 3-1

时间		西单元	东单元
第一天	上午	混凝土养护	水平构件吊装
	下午	放线，注浆分仓	梁板钢筋绑扎，水电穿插施工
第二天	上午	竖向构件吊装、注浆下口封堵	梁板钢筋绑扎，水电穿插施工
	下午	竖向构件、注浆施工、楼梯吊装、墙柱钢筋绑扎、铝模支设	浇筑混凝土
第三天	上午	竖向构件吊装、注浆施工、墙柱钢筋绑扎、铝模支设	混凝土养护
	下午	墙柱钢筋绑扎、铝模支设上翻外挂架	放线，注浆分仓
第四天	上午	铝模支设	竖向构件吊装、注浆下口封堵
	下午	铝模支设	竖向构件、楼梯吊装、墙柱钢筋绑扎、注浆施工
第五天	上午	铝模支设	竖向构件、楼梯吊装、墙柱钢筋绑扎、注浆施工
	下午	水平构件吊装	墙柱钢筋绑扎、铝模支设、注浆施工
第六天	上午	水平构件吊装	铝模支设
	下午	梁板钢筋绑扎，水电穿插施工	铝模支设
第七天	上午	梁板钢筋绑扎，水电穿插施工	外架上翻、铝模支设
	下午	浇混凝土	水平构件吊装

通过 BIM 及 Navisworks 软件对施工流水的优化分析，最后将原先的 7 天一个标准层的速度提升为现今 5 天一个标准层的速度，见表 3-2 及图 3-23。

时间		西单元	东单元
第一天	上午	混凝土养护	上翻外挂架、单支顶安装
	下午	混凝土养护、放线	叠合梁吊装，晚上吊叠合板
第二天	上午	预制外墙吊装、内墙钢筋绑扎完成	上午阳台吊装，十点半梁板底筋完，
	下午	预制外墙吊装完成、内墙铝模拼装	安装下午 4：30 完成，面筋两小时完成，七点浇混凝土
第三天	上午	PCF 板吊装、墙柱钢筋绑扎、内墙铝模拼装、电梯井操作平台提升	混凝土养护
	下午	墙柱钢筋绑扎、内墙铝模拼装晚上加班、搭斜撑、注浆穿插完成	混凝土养护、放线
第四天	上午	上翻外挂架、单支顶安装	预制外墙吊装、内墙钢筋绑扎完成
	下午	叠合梁吊装，晚上吊叠合板	预制外墙吊装完成、内墙铝模拼装
第五天	上午	上午阳台吊装，十点半梁板底筋完	PCF 板吊装、墙柱钢筋绑扎、内墙铝模拼装、电梯井操作平台提升
	下午	安装下午 4：30 完成，面筋两小时完成，七点浇混凝土	墙柱钢筋绑扎、内墙铝模拼装晚上加班、搭斜撑、注浆穿插完成

5 天一个标准层时间和任务划分表　　　　　表 3-2

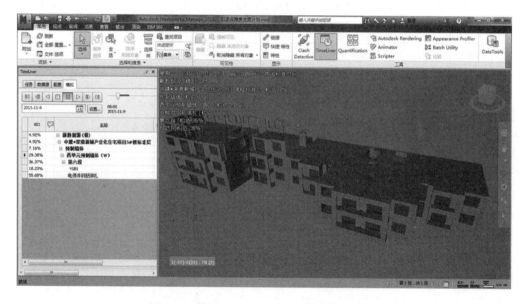

图 3-23　使用 Navisworks 进行现场施工模拟

3. 3D 打印技术的应用

项目应用 3D 打印技术制作构件模型，在 Revit 软件中将构件信息模型转换为 fbx 格式，导入 3DMax，最后将模型以 STL 格式导出用于 3D 打印，按 1：50 制作构件模型，实现了实体构件模拟装配施工全过程，检查并消除构件深化设计矛盾问题，推演出最佳的工序流水穿插。见图 3-24～图 3-26。

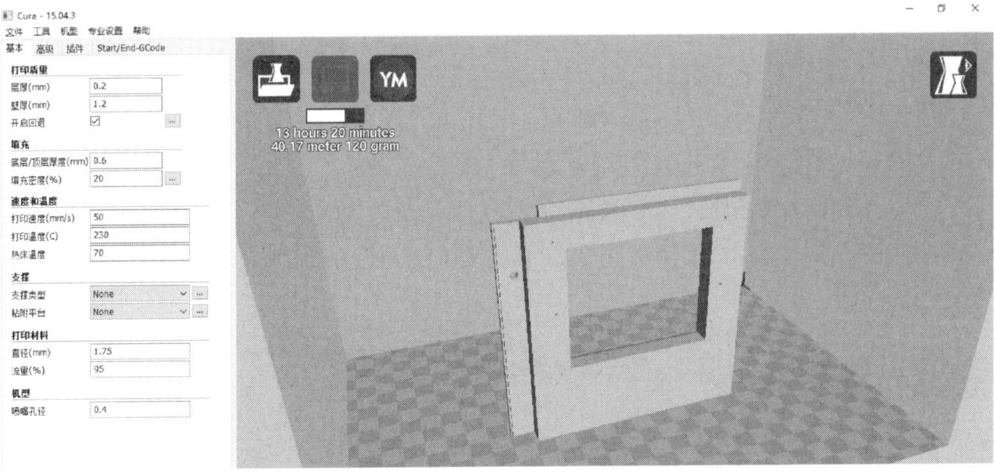

图 3-24　3D 打印制作构件模型

图 3-25　3D 打印的各类预制构件

图 3-26　将 3D 打印的各类预制构件进行模拟拼装

3.2.4　施工阶段

1. 预制构件的进场验收

装配式建筑预制构件的验收极为重要，预制构件的验收过程中需要验收预制构件的外观尺寸、门窗定位、预埋件定位等，通过常规的人工验收方法工作量巨大且验收误差较大。

项目应用3D激光扫描技术对构件进行扫描实测，获取构件的三维点云数据，生成构件实际BIM模型，对比构件BIM设计模型，全面判断构件是否符合要求。

采用一台3D激光扫描仪进行构件验收，即可在一天的时间内对一个标准层的构件进行激光扫描完毕，第二天即可得出准确的对比数据，从而精准判断构件生产情况。见图3-27～图3-29。

图 3-27　使用3D激光扫描对构件进行进场验收

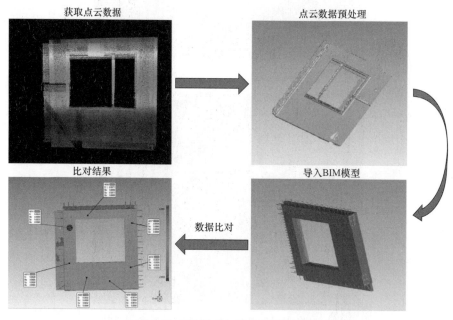

图 3-28　3D激光扫描构件实测实量

模拟预拼装：

将3D激光扫描生成的构件实际BIM模型进行模拟施工，并将施工模拟导入项目自主研发的算法插件，输入门窗定位控制线、拼缝宽度控制等参数的误差允许范围，插件根据构件实际生产情况自动调整各项控制参数，保证门窗定位、拼缝宽度等控制在允许误差内，有效控制累计误差，并最终生成构件的标高、定位施工指导书。

参考模型	构建缩放
测试模型	GJwugargin
数据点的数量	1591366
#体外弧点	25018

公差类型	3D偏差
单位	mm
最大临界值	2.000
最大名义值	2.000
最小名义值	-2.000
最小临界值	-2.000

偏差	
最大上偏差	0.1579
最大下偏差	-0.1149
平均偏差	0.0123/-0.0064
标准偏差	0.0200

偏差分布

>Min	<Max	#点	%
-2.000	2.000	1591366	100.0000

超出最大临界值	0	0.0000
超出最小临界值	0	0.0000

标准偏差

分布(+/-)	#点	%
-6*标准偏差	109	0.0068
-5*标准偏差	1625	0.1021
-4*标准偏差	2673	0.1680
-3*标准偏差	4747	0.2983
-2*标准偏差	31760	1.9958
-1*标准偏差	1201556	75.5047
1*标准偏差	212104	13.3284
2*标准偏差	52695	3.3113
3*标准偏差	31189	1.9599
4*标准偏差	29279	1.8399
5*标准偏差	15411	0.9684
6*标准偏差	8218	0.5164

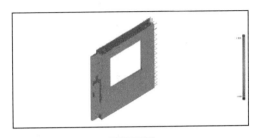

偏差分布

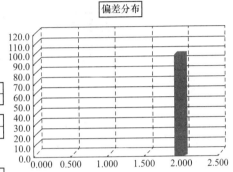

标准偏差

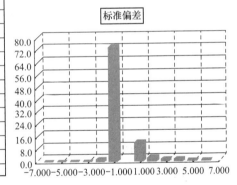

图 3-29　计算预制构件与设计尺寸的实际偏差

2. 钢筋定位及矫正工具

装配式结构中，与预制构件连接的现浇层纵向伸出钢筋精确定位至关重要，直接影响到施工质量与构件安装进度。为确保连接钢筋定位准确，项目在现浇层混凝土浇筑成型前，采用自主设计的钢筋定位检查工具、钢筋矫正工具对预留插筋的定位反复矫正。

（1）钢筋定位检查工具的设计与应用

由于构件的标准化生产，各预制墙体套筒连接区域钢筋布置基本一致。此钢筋定位检查工具主要由上下两块钢板组成，钢板上根据连接钢筋的设计位置进行开孔，四个边角的螺杆具有调节高度的作用，钢板上的气泡调平后可直接检测钢筋外伸长度。若外伸钢筋定位准确，则此工具能顺利套入钢筋。见图 3-30、图 3-31。

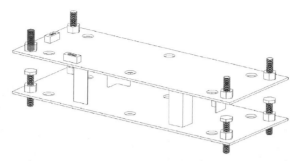

图 3-30　钢筋定位检查工具

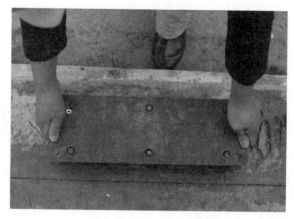

图 3-31　钢筋定位检查工具的应用

图 3-32　钢筋矫正检查测量工具
1—钢筋；2—六角螺母；3—紧固铁带；
4—圆形气泡水平仪；5—刻度标尺；
6—刻度数值；7—橡胶把手

（2）钢筋矫正检查测量装置的设计与应用

此装置包括主结构系统、底部测量系统、中部水平系统，以及顶部把手。主结构系统是由三根钢筋或钢制水管通过焊接在一串固定间距的六角螺母上，并通过紧固铁带将钢筋紧固在螺母上；底部测量系统是装置底部设置的刻度标尺和刻度数值，用于测量竖向钢筋长度；中部水平系统是指中部设有圆形气泡水平仪，用于检查钢筋垂直度。使用步骤如下：

步骤一：将该装置套在竖向钢筋上，扳动把手对其进行矫正；

步骤二：矫正竖向钢筋直到圆形气泡水平仪的气泡居中；矫正过程中，通过查看圆形气泡水平仪的气泡是否居中来判断钢筋是否调直；

步骤三：矫正完毕后测量竖向钢筋的长度，以此判断是否满足要求。见图 3-32。

3. 预制构件的吊装及支撑

预制墙体采用钢横梁吊具或者是钢丝绳直接进行吊装，带飘窗板墙体采用手拉葫芦进行调节，墙体支撑采用单根斜撑与七字码的形式进行固定，斜撑及七字码在叠合楼板固定宜采用预埋钢筋头或者是穿楼板固定的形式。见图3-33、图3-34。

图 3-33　预制墙体钢横梁吊装

图 3-34　墙体支撑体系底部预埋点

对预制墙体定位控制因素进行识别，带外墙装饰墙体以外墙装饰拼缝为定位主控因素，不带外墙装饰墙体以墙体外观尺寸及窗定位为主控因素，根据主控因素引出室内控制线进行构件的精确定位。预制外墙定位控制线包括，水平线、轴线、钢筋套筒定位线、窗边线、窗中线等，室内定位线包括200mm控制线及边线。由于预制墙体上下端为水洗粗糙面，预制墙体落位后需要根据控制线情况进行二次调整。见图3-35、图3-36。

叠合梁、板等水平构件一般采用钢丝绳直接吊装，当叠合板较大时，采用钢横梁对钢丝绳角度重新进行分配。水平构件采用独立支撑体系进行支撑，支撑横梁可以采用木枋或者方钢进行。见图3-37、图3-38。

提前对支撑体系的立杆排布进行策划，根据叠合板本身的强度及刚度进行计算，施工现场按图进行施工，注意避开铝模及预制墙体的斜撑。见图3-39。

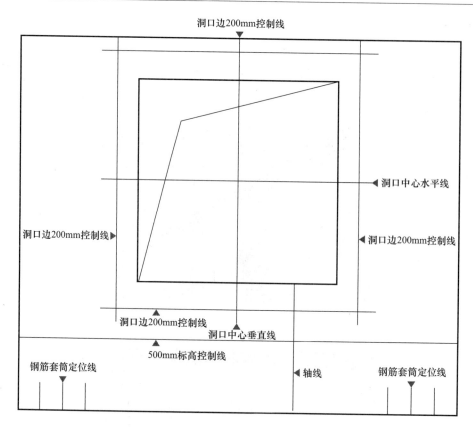

图 3-35　预制墙体定位控制线

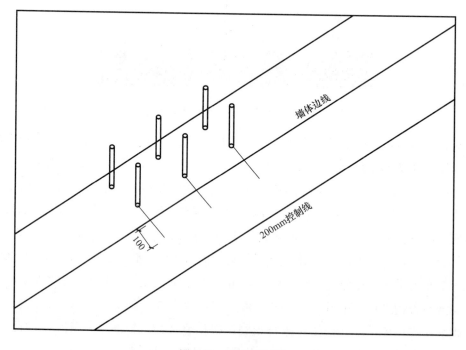

图 3-36　室内控制线

图 3-37 叠合板吊装示意图

图 3-38 独立支撑示意图

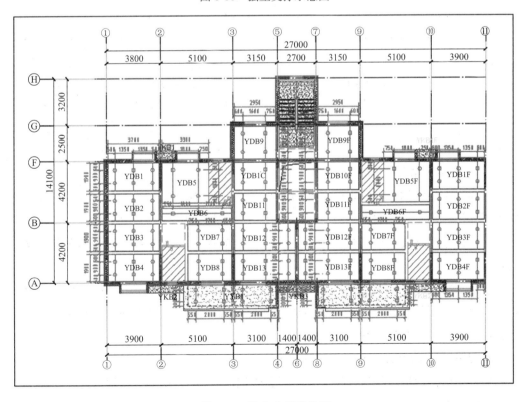

图 3-39 独立支撑定位图

3.2.5　施工验收

1. 分部分项工程及检验批的划分

（1）主体结构分部、分项工程的划分（参 GB 50300 附录 B）（表 3-3）

主体结构分部、分项工程划分　　　　　　　　　表 3-3

分部工程	子分部工程	分项工程
主体结构	混凝土结构	模板
		钢筋
		混凝土
		现浇结构
		装配式结构
	砌体结构	填充墙砌体

装配式结构应按混凝土结构子分部工程进行验收；当结构中部分采用现浇混凝土结构时，装配式结构部分可作为混凝土结构子分部工程的分项工程进行验收。（参见 JGJ 1 第 13.1.1 条）

（2）检验批划分（表 3-4）

检验批划分　　　　　　　　　表 3-4

序号	分项工程	检验批划分
1	模板工程	按施工段划分，每层的每个单元为一检验批
2	钢筋工程	按施工段划分，每层的每个单元为一检验批
3	混凝土工程	按施工段划分，每层的每个单元为一检验批
4	现浇结构工程	按施工段划分，每层的每个单元为一检验批
5	装配式结构工程	按施工段划分，每层的每个单元为一检验批
6	填充墙砌体工程	按楼层划分，每层为一检验批

2. 总体验收思路

本项目主体结构分部工程的验收分为传统现浇结构部分分项工程、装配式结构分项工程、填充墙砌体分项工程三部分，其中传统现浇结构部分分项工程及填充墙砌体分项工程按常规现浇工程进行验收，装配式结构分项工程主要参考现行相关相关规定进行验收；

装配式结构中关于预制构件的质量证明文件及质量检查记录部分内容按照中建科技武汉有限公司编制并经专家论证通过的《装配式混凝土工程构件生产及工程施工质量验收方案》的内容进行验收。

3. 装配式混凝土结构分项工程验收内容

（1）装配式混凝土结构分项工程隐蔽验收记录（参见 GB 50204 第 9.1.1 条）

验收内容：

混凝土粗糙面的质量，键槽的尺寸、数量、位置；

钢筋的牌号、规格、数量、位置、间距；箍筋弯钩的弯折角度及平直段长度；

钢筋的连接方式、接头位置、接头数量、接头面积百分率、搭接长度、锚固方式及锚固长度；

预埋件、预埋管线的规格、数量、位置。

（2）外墙防水施工施工质量验收记录（参见 GB 50204 第 9.1.2 条）

验收内容：

防水施工前，板缝空腔是否清理干净；

是否按设计要求填塞背衬材料；

密封材料嵌填是否饱满、密实、均匀、顺直、表面光滑，厚度是否符合设计要求；

现场淋水试验报告。

（3）预制构件进场验收记录

验收内容：

预制构件的质量证明文件或质量检查记录；

质量证明文件包括产品合格证书、混凝土强度检验报告及其他重要检验报告；

预制构件的结构性能检验。

说明：

根据规范要求，梁板类简支受弯构件进场时应进行结构性能检测；其他预制构件除设计有专门要求外，进场时可不做结构性能检验；对于用于叠合板、叠合梁的梁板类受弯预制构件（叠合底板、底梁），是否进行结构性能检验应根据设计要求确定。

预制构件的外观质量是否有严重缺陷及影响结构性能和安装、使用功能的尺寸偏差；

预制构件上的预埋件、预留插筋、预埋管线的规格和数量以及预留孔、预留洞的数量是否符合设计要求；

预制构件标识是否完整、齐全；

预制构件的外观质量是否有一般缺陷；

预制构件的尺寸、施工中临时使用的预埋件定位偏差是否符合要求。

（4）预制构件的安装与连接

预制构件的临时固定措施是否符合施工方案要求；

注浆工程中注浆料的质量证明文件、灌浆记录（书面资料及影像记录）及灌浆料的强度试验报告；

装配式结构预制构件连接处后浇混凝土强度试验报告；

装配式结构施工后的外观质量是否有严重缺陷及影响结构性能和安装、使用功能的尺寸偏差；

装配式结构施工完成后是够有一般缺陷；

装配式结构施工后，预制构件的位置、尺寸偏差是否符合设计及规范要求；预制构件与现浇结构连接部位的表面平整度是否符合设计要求。

（5）其他需验收的内容及文件（JGJ 1 第 13.1.6 条）

工程设计文件、预制构件制作和安装的深化设计图纸；

预制构件、主要材料及配件的质量证明文件、进场验收记录、抽样复检报告；

预制构件安装施工记录；

钢筋套筒灌浆施工检验记录；

后浇混凝土部位的隐蔽工程检查记录；

后浇混凝土、灌浆料强度检测报告；

外墙防水施工质量检查记录；

装配式结构分项工程质量验收文件；

装配式工程的重大质量问题的处理方案和验收记录。

（6）主体结构的验收组织

检验批验收：检验批验收由专业监理工程师组织施工单位项目专业质量检查员、专业工长等进行验收；

分项工程由专业监理工程师组织施工单位项目负责人等进行验收；

混凝土结构子分部工程由总监理工程师组织施工单位项目负责人和项目技术负责人等进行验收。设计单位项目负责人和施工单位技术、质量部门负责人，预制构件专业生产厂家技术负责人、质量负责人共同参与混凝土结构子分部及主体结构分部工程的验收。

3.3 实施效果总结

3.3.1 现场效果总结

通过对本项目实践过程数据的采集分析，PM2.5 降低约 36%；噪声减少约 38%；建筑垃圾减少约 80%。现场作业工人减少约 50%；现场施工用水节约 60%；现场施工用电节约 20%；现场周转材料减少 55%。集成机电装饰要素后，施工周期可以减少 1/3 以上。

3.3.2 申报奖项总结

本工程在实施过程中吸引了近百次来自全国各地的业内人士的参观，承办了多次观摩会，获得武汉市首届装配式建筑推进成果金奖、2016 年武汉市"十佳创新项目"，积极的推动了装配式建筑在湖北省的发展，同时提高了公司的品牌影响力。

在品牌推广的同时，对装配式建筑的实施及管理技术进行了深入的研究，两项科技成果经专家鉴定达到"国际先进水平"，获得一篇湖北省工法、一篇局工法、一篇中建总公司工法，申请专利 5 篇，获得局科技进步二等奖、中国建筑学会科技进步一等奖，中国施工企业管理协会科技进步一等奖，中建总公司科技进步二等奖，BIM 成果多次获得国家级 BIM 大赛奖项，为装配式建筑的发展提供了技术积累。